중년부부의 이탈리아, 프랑스
한 달 배낭여행

중년부부의 이탈리아, 프랑스
한 달 배낭여행

임규수 지음

a month long trip

두 달 동안 준비했던 이탈리아, 프랑스
배낭여행, 드디어 출발이다!

아내와 내가 먼발치에서만 봤던 콜로세움에
한 걸음씩 다가서니 가슴이 쿵쾅거린다.

바른북스

축하의 글

임규수 작가님을 표현하는 단어를 3개만 고른다면 '배려심, 따뜻함, 진정성'이다.

임 작가님을 처음 만난 건 농협 매출 활성화 프로젝트였다. 쉽지 않은 프로젝트를 성공적으로 마칠 수 있었던 건 순전히 임 작가님 덕분이었다. 1명의 훌륭한 리더가 조직을 어떻게 변화를 시키고 이끌어 가는지 가까이서 보면서 임 작가님의 인품에 완전히 매료되었다. 사람을 중심에 두는 따뜻한 리더십은 이후 나의 경영 철학에도 큰 영향을 주었다.

이런 인품을 가진 임 작가님이 퇴임 후 아내와 떠난 배낭 여행기를 먼저 읽을 영광을 누리게 되었다. 글을 읽는데 임 작가님 특유의 잔잔하고 느릿한 목소리가 귓가에 들리는 듯하다. 임 작가님의 성품과 판박이처럼 닮아 있는 글 속에는 세상을 향한 따뜻한 시선이 담뿍 담겨 있다.

이 책은 중년부부가 함께한 배낭여행의 추억을 담은 소중한 기록이다. 부부가 함께 배낭여행을 하면서 서로의 생각과 감정을 공유하고, 서로를 더욱 이해하게 되는 과정이 담겨 있다. 중년부부의 배낭여행은 단순히 관광지를 방문하는 것이 아니라, 서로의 삶을 되돌아보고 새로운 삶을 시작하는 계기가 될 수 있다. 이 책은 그러한 여행의 의미를 잘 담고 있으며, 부부가 함께 여행을 계획하고 실행하는 데에 큰 도움이 될 것이다.

여행을 하면서 겪은 다양한 경험과 이야기를 통해 독자들은 자신의 삶을 되돌아보고, 중년 이후의 삶을 새롭게 도전할 수 있는 용기를 얻을 수 있을 것이다. 또한, 부부가 함께하는 배낭여행의 즐거움과 행복을 이 책을 통해서 느낄 수 있을 것이다.

이 책은 중년부부의 배낭여행을 계획하는 분들에게 꼭 추천하고 싶은 책이다. 이 책을 통해 부부가 함께하는 여행의 즐거움과 행복을 느끼고, 자신의 삶을 되돌아보는 계기를 마련해 보세요.

베스트셀러 《THE NEW 좋아 보이는 것들의 비밀》
이랑주 저자

여드름이 한창일 때 막연히 인도여행을 가고 싶었다. 그 당시 《데미안》 같은 문학 서적을 읽으면서 신의 존재에 대한 고민과 구도자들이 인도에서 고행을 통해 깨달음을 얻는다는 이야기를 어디서 들어서인 것 같다.

그 후 철부지 사춘기를 지나고 사회생활을 시작하면서 여행을 까맣게 잊고 살았다. 30여 년이 흐른 후 직장을 퇴직하게 되었을 때 가장 하고 싶은 일이 여행이었다. 물론 어릴 때 생각했던 여행과는 목적과 상황이 많이 달라졌지만 어디론가 여행하고 싶은 마음은 항상 있었던 것 같다.

농협에 근무할 때 출장으로 농업 선진국인 유럽과 미국, 일본 등을 방문한 적이 있다. 방문한 곳이 주로 재배농장, 농산물가공시설, 도매시장, 대형마트, 시험재배장 등이었고 미술관과 박물관은 근처에 가보지도 못하고 유명한 관광지는 오가는 길에 스쳐 지나갔다. 그때마다 언젠가는 여기에 꼭 다시 와 머물면서 천천히 여행하는 걸 간절히 소망했다.

　학창 시절 역사책이나 TV에서 간헐적으로 접한 로마는 나에게 제대로 알고 싶은 지적 갈망이 가장 큰 곳이었는데, 2000년대 초 로마에 대한 위대한 작가 '시오노 나나미'의 《로마인 이야기》가 번역, 출판되었을 때 전 15권을 한 열흘 만에 읽었던 기억이 있다. 책을 보면서 지구상에 어떻게 이렇게 위대한 역사가 2,500년 전에 시작되어 1천 년 이상 지속되었으며 지금까지 그 찬란했던 문명의 증거인 건축물들이 남아 있는 것이 경이로웠다. 로마가 자연스럽게 내가 가보고 싶은 여행지 1순위가 되는 건 당연했다.

　아내 또한 친구들과 패키지여행을 다니면서 머물고 싶은 곳에 머물고 보고 싶은 걸 마음껏 볼 수 있는 여행에 목말라 있기는 마찬가지였다. 아내는 이탈리아 로마에 갔을 때 콜로세움을 버스에서 보고 지나간 게 가장 아쉬웠다고 했다.

　여행지는 로마를 중심으로 한 이탈리아, 이탈리아와 인접한 프랑스 두 나라를 방문하기로 정했다. 이탈리아는 3주 정도 머물면서 로마를 중심으로 남부, 중부, 북부 주요 지역을 골고루 방문하기로 하였고, 프랑스는 열흘간 니스와 생폴 드 방스를 중심으로 한 남부지역 위주로 보고 파리를 거쳐 귀국하기로 했다.

여행지에 관한 기본정보를 얻기 위해 교보문고에서 이탈리아, 프랑스 여행안내서 2권을 구매하여 참고하였고 코엑스 별마당 도서관에서 여행자들의 개별여행기를 읽으면서 대략적인 방문계획을 짰다. 항공편과 거점 주요 도시를 정하고 주변 방문지를 고려하여 머무는 기간을 정하였다. 숙소는 에어비앤비, 호텔, 한인 민박, 현지 민박 등 다양하게 사전 예약 하였고 장거리 이동 수단인 기차도 인터넷으로 예약했다.

전문적인 지식이 필요하거나 교통이 불편한 곳은 인터넷을 검색하여 유럽에서 현지 투어 여행사로 가장 세평이 좋은 '유로자전거나라'를 로마 시내와 바티칸은 각각 1일 투어, 이탈리아 중부는 3박 4일 투어를 예약하고 남프랑스는 근교 투어를 겸하는 니스 민박집 주인에게 1일 투어를 예약했다.

여행을 준비하는 동안 여행을 좋아하는 사위 성일이가 손녀 나온이를 데리고 우리가 파리에 머무는 동안 합류하겠다고 요청해 왔다. 우리가 손녀를 보고 싶어 병이 날까 봐 특별히 데리고 간다고 협박 아닌 협박을 하면서…. 우리도 손녀랑 같이 여행하는 것이 좋지만, 문제는 손녀가 채 2살이 안 된 것이었다. 딸과 사위는 한의원을 운영하고 있어서 다른 직장인들처럼 휴가를 내서 여행을 갈 처지가 안 되기 때문에 우리가 여행 갈 때 같이 가기를 원한 것이다. 기대 반 걱정 반으로 프랑스 파리에서 합류하기로 하였다.

당초 계획을 수정하여 남프랑스에 머무는 기간을 줄이고 파리에 머무는 기간을 늘렸다. 모든 여행계획을 짜고 예약에 2개월가량이 소요되었다.

이탈리아 방문 지역 지도

프랑스 방문 지역 지도

차례

 축하의 글

 Prologue

Epilogue

공항 가는 길,
기대와 설렘으로 가득한 여행 중 가장 즐거운 시간이다

배낭여행 출발

평소 하고 싶었던 배낭여행, 직장을 퇴직하면 3개월 장기 여행을 꿈꿨었는데 손녀 나온이가 보고 싶어 안 될 거라는 딸 이랑이의 협박성 권유로 한 달로 단축하기로 했다. 중년의 나이에 처음 실행하는 배낭여행을 3개월 동안 가는 것도 무리라는 생각이 들었다. 두 달 동안 준비했던 이탈리아, 프랑스 배낭여행, 드디어 출발이다!

숙소와 교통 예약 내용을 다시 확인하고 아침 8시 30분 집에서 택시로 잠실로 가서, 잠실 롯데호텔에서 칼 리무진으로 갈아타고 인천공항 2청사에 도착하여 짐 부치고 출국심사를 마치니 11시가 조금 넘었다.

시간이 넉넉해 딸아이가 꼭 들러보라고 귀띔해 준 워커힐 호텔에서 운영하는 '마티나 골드' 라운지를 해외여행에 대비해 발급해 둔 '국민 로블 카드'로 무료로 입장했다. 정찬은 아니지만 호텔 수준의 간식과 와인, 맥주까지 제공하는 럭셔리한 공간에서 바디프렌드 자동 안마와 샤워를 하며 여유로운 휴식을 즐기는데 라운지 방문 기념 이벤트로 귀국할 때 K9 차량을 무료로 1일 제공해 주겠다고 한다. 이런 행운이! 여행 시작부터 좋은 기운이 느껴진다.

기분 좋게 라운지를 나와 오후 2시 15분 대한항공 로마행 비행기에 탑승했다.

중년부부의 이탈리아, 프랑스
한 달 배낭여행

직항으로 12시간을 날아가 로마 레오나르도 다빈치 피우미치노 공항에 도착하니 오후 7시 20분, 입국심사에만 1시간 넘게 걸린다. 숙소에 요청한 픽업 기사가 기다리고 있을까? 걱정하며 출국장으로 나가니 수십 명의 픽업 기사들이 종이 팻말을 들고 길게 늘어서 있다. 맨 끝에 다른 사람보다 키가 한 뼘이나 큰 사람이 손에 Mr. Gyusoo Lim 팻말을 들고 있다. 도킹 성공!

로마는 처음 도착해서 5일, 이탈리아 남부 아말피해안을 다녀와서 3일을 머물 계획인데 처음 5일 동안 묵을 숙소는 아내가 이번 여행에서 제일 가고 싶은 곳으로 꼽은 콜로세움 근처에 정했다. 콜로세움까지 걸어서 10분이 채 안 걸리는 곳이다.

공항에서 콜로세움 근처 숙소까지 택시로는 50유로인데 40유로를 주고 기분 좋게 숙소에 도착했다. 도착해서 숙소인 tourist house 간판을 아무리 찾아도 주위에 간판 있는 건물이 하나도 없어 당황했는데 나중에 알고 보니 B&B 숙소는 간판이 없는 것을 찾았으니 보일 리가 있나 쯧쯧. 보통 로마 주거용 건물에는 10~15가구가 있고, 가구를 개량하여 B&B 영업을 하는 형태이니 간판이 없는 게 당연했다.

초인종 밑에 명찰 같은 크기의 작은 숙소 이름이 붙어 있다. 벨을 누르고 문을 밀고 들어가니 난감하기는 마찬가지, 숙소가 몇 층인지? 엘리베이터도 안 보이고 계단만 있어 망연자실하고 있었는데, 한참 후에야 관리인이 내려와 우리를 데리고 계단으로 한 층을 올라가서 거기서 엘리베이터를 타고 4층 숙소에 도착했다. 유럽은 우리나라 1

층에 해당하는 곳이 0층이고 그다음 층이 우리나라 2층에 해당하는 1층이다. 로마는 거의 모든 건물이 5층 이하이며 엘리베이터는 1층 (우리나라 2층)에 있고 엘리베이터가 없는 건물도 많다. 숙소에 짐을 푸니 밤 10시가 넘었다. 새벽부터 긴장한 탓인지 피곤이 몰려온다. 그대로 잠에 떨어졌다.

모든 신들에게 바쳐진 로마 시내 광장에 있는 판테온 신전

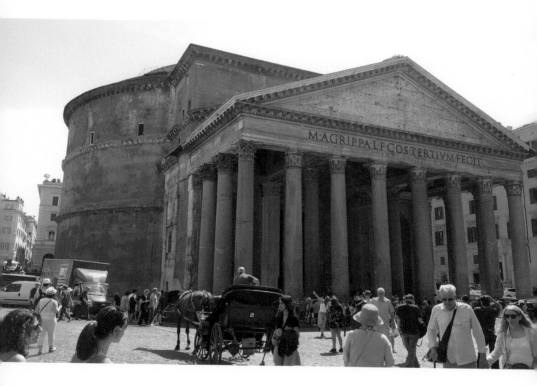

여기가 로마야!

나는 로마를 10여 년 전 유럽 출장 중에, 아내는 여고 동창들과 서유럽 패키지여행으로 와보았다. 그때 아내와 내가 짧은 일정으로 제대로 보지 못한 아쉬움이 가장 컸던 곳이 로마였다. 로마를 기본적으로 알기 위해 첫날 일정을 전문가 투어로 유명한 '유로자전거나라' 일일 버스 투어에 참여하기로 했다.

오전 7시, 투어 모임 장소인 산타마리아 안젤라 성당이 숙소에서 1 킬로 거리라 구글 앱을 켜고 도보로 찾아가는데 거리가 좁혀지지 않고 계속 다른 방향으로 향한다. 자동차 내비게이션만 사용하다가 도보 앱을 처음 사용하는 게 익숙지 않아 한참을 헤매다 결국 택시를 잡아탔다. 몇백 미터 거리를 택시를 타고 가는 것이 약이 올라 있는데 택시 기사가 15유로를 달라며 바가지를 씌운다. 노! 노! 하고 큰 소리로 외치며 10유로를 내고 택시에서 내렸다. 스스로 바가지 쓰지 않은 것을 위안 삼으며 우리 정신 똑바로 차리고 잘하고 있지? 하며 둘이 서로 마주 쳐다보며 웃었다. 가이드를 기다리는 동안 광장 카페에서 에스프레소와 갓 구운 빵을 먹으며 앉아 있으니 로마에 온 게 실감 난다. 여기가 로마야! 로마에서 아침을 즐기는 중이라고!

오늘은 여행객이 많이 몰리는 시간을 피해 아침 일찍 트레비 분수와 스페인 광장을 보고 교외로 나가 수도교, 도미틸라 카타콤베, 사도 바울 성당을 거쳐 다시 시내로 들어와 나보나 광장에서 점심을 먹고 판테온, 캄피돌리오 광장을 방문하는 일정이다.

제일 먼저 방문한 곳은 트레비 분수와 스페인 광장이다. 영화 〈로마의 휴일〉 배경으로도 유명한 스페인 광장은 17세기 교황청 스페인 대사 본부가 이곳에 있었기에 붙여진 이름이라고 한다. 광장 중앙에 분수와 물이 새는 구멍 난 배가 한 척 있다. 16세기 천재 조각가 베르니니가 만든 작품이다. 그 당시 베르니니는 교황의 신임을 받는 최고의 조각가였는데 교황청 안에 있는 성 베드로의 무덤을 장식한 소용돌이치며 올라가는 4개의 거대한 청동 기둥이 그의 작품이다.

콜로세움만큼 로마의 또 다른 위대한 건축물인 수도교, 2천 년 전 클라우디우스 황제가 만든 수도교를 보기 위해 교외로 나갔다. 그 당시 로마엔 총 11개의 수도교가 있었는데 이런 수도교 때문에 로마사람들은 깨끗한 물을 마실 수 있었고, 로마의 자랑인 목욕 문화도 발달할 수 있었다고 한다. 기원전 4세기부터 세워진 수도교는 로마가 진출했던 유럽 여러 도시에도 세워졌으며 유네스코문화유적으로 지정되어 있다. 더욱 놀라운 것은 2천 년 전에 만든 시설을 지금도 사용하는 곳이 있다고 한다.

　가는 곳마다 미술사를 전공한 가이드의 역사적 배경과 예술적 가
치에 대한 자세한 설명을 들었다. 4년 차 가이드의 전문성을 바탕으
로 진지한 설명은 좋았으나, 아침 일찍부터 투어를 시작해서 목도 마
르고 배가 고픈데 오후 1시가 훨씬 지나서야 점심시간이 주어졌다.
사람에게 기본적으로 필요한 물을 준비하지 않고 점심시간이 1시간
넘게 지연된 것은 개선이 필요했
다. 목마르고 배고픈데 설명이 귀
에 들어올 수가 없다는 것을 가이
드한테 알려주려고 자전거나라 홈
페이지에 접속했는데 가이드 이름
이 기억이 안 나 그만두었다. 그러
나 늦은 점심은 꿀맛이었다.

점심을 먹고 로마 시내 광장으로 가니 로마의 모든 신들을 위해 만들었다는 판테온 신전이 나타난다. 로마는 다신교를 인정해서 한때 신들이 30만이 넘었다고 한다. 종교뿐만 아니라 흑인 황제가 있었을 만큼 개방적인 면이 로마를 세계역사상 가장 위대한 제국으로 번성하게 하였고 1천 년 이상 유지된 비결이라 생각된다.

천재 조각가 미켈란젤로가 1538년에 설계한 캄피돌리오 광장, 광장 정면의 건물은 고대 로마의 폐허 위에 세워진 '세나토리오궁'으로 현재 로마 시장의 집무실과 시의회로 사용되고 있다. 1천 년 전에 지어진 건물을 지금도 사용한다니 믿어지는가? 정말 놀라울 따름이다. 광장 가운데 기마상은 로마 황제이자 철학자인 아우렐리우스이다. 캄피돌리오 광장 정면에 있는 세나토리오궁 오른편 뒤쪽으로 가면 포로 로마노가 한눈에 들어오는 광경이 펼쳐진다. 아! 여기가 2천 년 전 로마구나! 감탄이 절로 나왔다.

'포로 로마노' 2천 년 전 카이사르에 의해서
'팍스로마나'라는 로마의 전성기가 시작된 곳

3일 차

콜로세움,
2천 년 전 로마를 느낀다

아침 8시, 숙소에서 걸어서 10분 거리에 있는 콜로세움으로 향한다. 아내와 내가 먼발치에서만 봤던 콜로세움에 한 걸음씩 다가서니 가슴이 쿵쾅거린다. 인류 최고의 불가사의한 건축물을 눈과 가슴으로 천천히 둘러보리라 다짐하며 콜로세움에 도착했다.

포로 로마노, 팔라티노 언덕, 콜로세움을 함께 관람하는 통합티켓을 구매하려는 줄이 벌써 길게 늘어서 있다. 좀 더 걸어서 포로 로마노 입구 쪽 창구로 가니 한산하다. 거기서 초등 아들과 여행을 온 젊은 한국인 부부를 만났는데 학교 수업보다 가족과 함께 하는 여행이 더 소중하다며 행복해한다. 한국도 자녀교육에 관한 생각이 점점 변하는 것 같아 흐뭇하다.

중년부부의 이탈리아, 프랑스
한 달 배낭여행

'포로 로마노', 1천 년 동안 로마의 중심 지였던 이곳은 로마멸망 후 테베레강 범람으로 1천 년 동안 흙 속에 묻혔다가 18세기부터 발굴을 시작해 현재도 발굴을 계속하고 있다. 2천 년 전 카이사르에 의해서 '팍스로마나'라는 로마의 전성기가 시작된 곳, 기원전 4세기에 지은 사투르누스 신전, 아프리카 출신 흑인 황제 세베루스가 새운 개선문, 카이사르 화장터 등 수많은 고대 로마의 유적이 널려 있는 역사의 현장을 걸으니 감개무량하다.

로마의 역사가 시작된 팔라티노 언덕. 로마의 시조 로물루스가 이곳에 있는 동굴에서 동생과 함께 늑대 젖을 먹고 자랐다고 한다. 팔라티노 언덕에서 내려다보는 포로 로마노의 탁 트인 전망도 그야말로 장관이다. 포로 로마노에서 팔라티노 언덕

까지 쉬엄쉬엄 보고 걸은 시간이 서너 시간, 시계가 오후 2시를 가리킨다. 허기진 배를 채우기 위해 콜로세움에서 가장 인접한 식당에 들어가 대충 메뉴판을 보고 피자와 가지요리를 시켰는데 그야말로 꿀맛이다. 특히 오븐에 구운 가지요리가 별미였다.

오후 일정은 콜로세움 내부 관람, 콜로세움은 패키지여행객들이 콜로세움 밖에서 배경으로 사진을 찍고 지나가는 곳으로 패키지여행객들의 아쉬움이 가장 많이 남는 곳이다. 입장하기 전부터 기대감으로 가슴이 뛴다. 소지품 검사와 입장권을 확인한 후 맨 처음 2층 계단으로 올라가 처음으로 마주한 콜로세움 내부, 2천 년 전 세워진 위대한 건축물 앞에서 경이와 감탄으로 할 말을 잃어버렸다.

중년부부의 이탈리아, 프랑스
한 달 배낭여행

세계 7대 불가사의 중 하나라는 사실을 굳이 떠올리지 않더라도, 어떻게 2천 년 전에 이런 어마어마한 규모의 완벽한 건축물을 지을 수 있었을까? 그저 놀라울 따름이다. 콜로세움은 4층으로 되어 있는데 3층에도 사람들이 올라가 있어 올라가 보려고 1층과 2층을 몇 번을 돌아도 3층 연결통로가 없다. 나중에 안내원에게 물어보니 사전 예약한 사람들만 별도 출입구로 들어가고 하루 입장 인원도 제한하고 있다고 한다. 그런 줄도 모르고 3층 출입구를 찾느라 콜로세움 내부를 빙글빙글 몇 번을 돌았다.

바티칸 광장
로마에 있는 또 다른 국가 바티칸, 지구상 가장 영향력이 있는 교황이
살고 있고 전 세계에서 가장 많은 방문객이 찾는 곳이다

4일 차

로마 안의 또 다른 나라 바티칸 시국

아침에 일어나 산책 겸 콜로세움을 다시 보러 갔다. 이렇게 걸어서 콜로세움에 간다는 게 신기하고 뿌듯하다. 콜로세움이 주는 경이와 위대함의 크기 때문일 것이다. 산책길은 한적한데 콜로세움

은 아침 8시인데도 사람들이 몰려들고 있다. 콜로세움 주위를 여유롭게 산책하며 즐기는 것이 꿈만 같다.

오늘은 바티칸을 전문 가이드 안내로 방문하기로 했다. 유로자전

거나라 투어가 얼마나 인기가 많은지 투어 참여 인원이 30명씩 두 그룹이다. 우리 그룹 가이드는 권영민, 경륜과 자신감이 넘친다. 가이드와 만나서 이동하고 입장하는 데만 1시간 넘게 걸린다. 그만큼 바티칸 박물관이 크고 관람객이 많다. 바티칸 박물관은 전시관이 여러 개이고 소장품 규모가 방대해서 전문 가이드 없이 관람하는 것은 거의 불가능하다. 아는 만큼 보이고 느낀다는 말이 있다. 처음엔 가이드 설명이 길다고 생각했는데 점점 그 속으로 빠져든다. 설명 없인 눈뜬장님이나 마찬가지이니 잘 들을 수밖에 없다.

그리스 로마 신화, 트로이 전쟁과 로마의 탄생, 조각 변천사, 르네상스 시대 3대 천재 화가인 레오나르도 다빈치, 미켈란젤로, 라파엘로에 대한 설명이 끝없이 이어진다. 오랜 설명을 들은 후 바티칸 박물관 팔각정원 '벨베데레'의 뜰에서 제일 먼저 마주한 '라오콘 군상(기원전 2세기)', 이 상은 16세기 초 콜로세움 부근 티투스 목욕장 유적에서 발견되어 1506년 교황 율리우스 2세가 정원에 전시하여 대중에게 공개하면서 바티칸 미술관이 시작되었다고 한다. 조각상은 신들의 노여움을 사 바다뱀에게 라오콘과 아들이 질식당하는 찰나를 표현한 작품인데 아들이 죽어가는 모습을 바라보는 아버지의 비참한 고통이 실감 나게 느껴진다.

　라오콘 군상 옆에 있는 '아폴로(기원전 4세기)'를 뒤로하고 건물 안으로 들어오니 강력하고 잘 발달한 근육질의 체격을 가진 남자의 모습이 묘사된 '토르소(기원전 1세기)' 조각상을 많은 사람이 에워싸고 있다. 머리, 팔, 정강이 등이 없는 조각작품을 토르소라고 부른다. 이 작품을 나폴레옹이 파리로 가져가 루브르 박물관에 보관되었다가 나폴레옹 몰락 후 1815년 바티칸으로 다시 옮겨왔다고 한다. 인파를 헤치고 자세히 보니 등과 엉덩이 근육의 강인함이 느껴진다. 그 당시 교황 율리우스 2세가 요청한 복원을 미켈란젤로가 반대했는데 그 이유는 조각의 아름다움이 미완성에 있기 때문이라고 한다.

중년부부의 이탈리아, 프랑스
한 달 배낭여행

　회화 방으로 이동하니 여기에 미술사에서 의미 있는 작품인 '조토의 삼단 제단화(1320년)'가 있다. 이 그림을 기준으로 이전과 이후의 그림이 다름을 알 수 있는데, 그림에서 조토는 평면적이고 추상적인 비잔틴 양식의 틀을 깨고 최초로 입체적이고 자연스럽게 인물을 묘사함으로써 르네상스 화가들에게 큰 영향을 미쳤다. 그래서 조토를 서양 회화의 아버지라고 한다.

　회화 방의 수많은 걸작들을 지나 라파엘로의 방에 도착하니, 여기에 미켈란젤로에 버금가는 명성을 얻게 한 걸작 '아테네 학당(1511년)'이 있다. 그림 중앙에 이데아를 상징하는 플라톤과 현실 세계를 중시하는 아리스토텔레스가 있고, 아폴로, 소크라테스, 조로아스터, 피타고라스, 유클리드, 데모크리토스 등 신학, 철학, 수학, 예술 등 각 학문을 대표하는 54명의 학자가 아테네 학당에 모여 토론하는 모습이 그려져 있다. 그림 속 천재들과 그림의 위용에 압도되어 한동안 할 말을 잊어버리고 감상한다.

그러나 바티칸 박물관의 하이라이트는 역시 '미켈란젤로'이다. 그림이 전시되어 있는 소성당 안에서는 사람이 많고 혼잡하여 가이드 설명이 금지되어 있다. 그래서 그림을 보기 전 먼저 '최후의 심판(1541년)'에 대한 설명을 듣는다. '최후의 심판'은 종말이 오면 예수가 심판해 선인을 구하고, 악인을 벌한다는 성서의 내용을 표현한 그림인데, 그 당시 타락한 성당과 마르틴 루터의 종교개혁으로 혼란에 빠진 유럽의 시대상을 반영하여 심판자 예수는 단호하고 엄격한 모습으로, 400여 명의 벌거벗은 인간은 큰 두려움을 느껴 기절하거나 떨고 있는 참담한 모습으로 그려져 있다. 설명을 듣고 시스티나 소성당에 들어가니 정면에 '최후의 심판'이 한번 감상해 보라고 반긴다. 설명을 듣고 그림을 감상하니 고개가 끄덕여지고 감동이 크다. 라파엘로도 그랬지만 그림 안에 미켈란젤로가 자신의 자화상을 선인들 속에 그려 넣은 것이 흥미롭다.

소성당에서는 사진 촬영이 금지되어 바티칸 최고의 작품인 '최후의 심판'과 '천지창조'를 카메라에 담을 수 없는 게 아쉬웠다.

미켈란젤로의 대표작인 '천지창조(1512년)'는 설명을 들었음에도 워낙 방대한 그림이라 그런지 그림 내용이 한 번에 쉽게 이해가 되지 않는다. 그러나 이 큰 대작을 조수도 없이 혼자서 천장 아래 설치된 작은 공간에 누워, 떨어지는 안료를 맞으며 4년에 걸쳐 그렸다는 것이 경이롭다. 그것도 조각가가 처음 그린 회화가 이런 대작이라니 신이 내린 천재에게 감탄할 뿐이다.

박물관을 나오니 어느덧 저녁 6시, 가이드와 헤어져서 성 베드로 성당에 들어가니 저녁 미사가 진행되고 있다. 성당 안에 수많은 유적이 있음에도 체력과 두뇌가 오늘 활동 한계치를 일찍이 넘어 더 이상 눈에 들어오지 않는다. 입구 쪽에 있는 미켈란젤로의 3대 걸작 '피에타(1499년)'를 천천히 감상하고 성당을 빠져나왔다.

중년부부의 이탈리아, 프랑스
한 달 배낭여행

로마근교 벼룩시장 포르타 포르테세
로마시민의 일상생활을 들여다볼 수 있는 곳이다

5일 차

말로만 듣던
소매치기

로마 여행 4일째, 일요일

현지인의 생활상을 가까이서 느껴보기 위해 일요일에만 여는 벼룩시장 포르타 포르테세를 방문하기로 했다. 지하철을 타고 테르미니역까지 가서 역에서 버스를 타고 간다. 온전히 로마시민이 된 기분으로 버스표를 구매하여 기분 좋게 출발했는데 여행안내서에 30분 소요된다는 것만 믿고 창밖 풍경에 취해 있다가 내릴 곳을 지나쳐 버렸다. 로마에서 시내버스를 타고 여행하는 즐거움에 취해 마음이 들떠 있었다.

부랴부랴 내려 걸어서 도착한 곳에 끝없이 긴 장터가 열리고 있다. 1킬로가 넘는 골목에 일상 잡화에서 골동품까지 없는 게 없었다. 두

40

리번거리며 기웃거리는 동양인 부부를 상인들도 반갑게 맞이해 준다. 이색적인 장터거리를 구경하면서 올리브나무를 깎아 만든 접시와 찻 숟가락을 기념으로 구매하고 버스를 타고 돌아오는데 사단이 생겼다.

숙소에 돌아와 주머니에 있던 100유로 지폐를 아무리 찾아도 없 는 것이다. 그제야 버스 안에서 소매치기에게 당한 것을 알았다. 젊은 임산부가 자꾸 시선을 끌었는데 소매치기 일당이란 생각은 전혀 하 지 못했다. 버스를 탈 때 운전기사가 배낭을 안으라고 한 것이 조심 하라는 주의를 준 것인데도 4명의 소매치기 일당이 계획적으로 접근 한 것을 까맣게 몰랐다. 정신을 바짝 차리라는 예방주사를 맞은 셈이 다. 반면 벼룩시장에서 숙소 로 돌아오는 버스 타는 곳을 못 찾아 헤매고 있는데 이탈 리아 모녀가 친절하게 알려 주어 고마웠다. 감사한 마음 에 같이 사진을 찍었다.

  오후에 이탈리아 여행 기념품 1호인 에스프레소 머신 '비알레띠'를
구매하러 스페인 광장 인근에 있다는 상점을 찾아가는데 거리마다 전
세계에서 온 다양한 사람들로 인산인해를 이루고 있다. 골목마다 버스
킹이 펼쳐진다. 춤추고 노래, 연주하는 뮤지션들의 피부색이 다양하다.
그림들이 예사롭지 않은 화랑 골목에도 사람들이 북적인다. 마음에 드
는 그림이 있어 사고 싶었지만 여행에 짐이 되어서 그만두었다.

아내가 퇴직과 여행 기념으로 가방을 사 주겠다고 한다. 처음에는 웬 가방? 했는데 이탈리아는 가죽제품이 좋기로 유명한데 '일비종떼'라는 브랜드는 국내에도 인기가 높아 많이 수입한다고 한다. 아내가 여행 오기 전 백화점에서 봐뒀다는 가방을 메어보니 훨씬 젊어 보인다. 뜻밖에 고마운 선물을 받고 즐거워하는데 한국보다 반값에 구매했다고 아내는 나보다 더 기뻐한다.

조용하고 아담한 아말피해안
CNN에서 죽기 전에 가봐야 할 아름다운 곳 Top 10으로 선정한 곳이다

죽기 전에 꼭 가봐야 할
아말피해안

　　　　로마를 떠나 아말피 가는 길. 로마의 인도는 대리석을 울퉁
불퉁하게 쪼개어 만든 길이라 숙소에서 테르미니역까지 1킬로 남짓
거리지만 캐리어를 끌고 걸어가는 건 거의 불가능하다. 걸어서 충분
한 거리를 캐리어 때문에 택시를 부르기로 했다. 택시요금이 15유로

로 서울의 3~4배 수준이다. 여기 물가는 커피를 제외하고 모든 것이 서울보다 비싸다. 테르미니역에서 고속철을 타고 1시간 만에 나폴리에 도착했다. 역에서 예약한 픽업 차를 타고 통상 1시간 45분쯤 걸리는 길을 좁은 도로 양쪽으로 꽉 막혀 2시간 30분이 지나서야 아말피에 도착했다. 이 길을 소렌토까지 전철로 가서, 시타 버스로 갈아타고 왔다면 녹초가 되었을 걸 생각하니 차량 픽업은 탁월한 선택이었다.

이탈리아 남부 휴양도시인 아말피가 포근하게 방문객을 맞이한다. 조용하고 아담한 풍경이 기대를 부풀게 한다. 조그만 마을이라 어렵지 않게 숙소를 찾을 수 있었다. 에어비앤비로 예약한 숙소는 깨끗하면서 아늑한 게 아내 맘에 쏙 드는 모양이다. 앞 동네가 내려다보이는 전망도 아주 좋았다. 오랜 기간 머물고 싶을 정도로⋯. 숙소 매니저 캐럴 리안의 친절한 안내도 아말피에 대한 호감을 상승시킨다.

　해안을 따라 산책하면서 언덕 위의 집들을 보니 다른 세상에 와 있는 듯하다. 광장과 좁은 골목길마다 가득 찬 사람들 표정이 여유롭고 걱정이 없는듯하다. 둘러보면서 일본인 몇 명을 보았고 중국인은 여기저기 많이 눈에 띄는데 한국인은 보이지 않는다. 로마에서 오느라 피곤했지만, 동네를 한 바퀴 돌아보기로 했다. 해안을 따라 그림같이 들어선 집과 언덕을 따라 아기자기하게 늘어선 가게들을 보면서 여기서 한 달 정도 머무는 것도 괜찮다는 생각이 들었다. 숙소로 가기 전에 아말피 명물 해산물 튀김과 맥주로 하루를 마무리한다.

축구선수 박지성의 신혼여행지로 더욱 유명해진 카프리섬

7일 차

박지성의 신혼여행지
카프리섬

오늘은 배를 타고 축구선수 박지성이 신혼여행지로 다녀왔던 카프리로 가기로 했다. 날씨도 맑고 화창해서 여행하기에 안성맞춤이다. 다양한 국적의 사람들과 요트를 타고 아말피해안을 출발했다. 아말피에서 포지타노를 거쳐 카프리로 가는 도중 바다에서 보는 포지타노해안은 각종 여행안내서에 나오는 그 풍경 이상이다. 멀리서 아련한 색깔이 해안에 다가설수록 분홍, 노랑이 선명하게 나타난다. 그림 같은 풍경에 배를 탄 대부분 사람이 탄

성과 함께 카메라 셔터를 누른다.

아말피에서 포지타노를 지나 카프리섬까지 2시간 남짓, 인도 여자 아이를 비롯한 많은 사람이 뱃멀미에 고생한다. 아내도 마찬가지 뱃멀미가 심해, 포지타노 마리나 그란데 항구에 도착해서 근사한 카페에서 쉬면서 속을 달래기로 했다.

카푸치노와 레몬 소다로 목을 적시고 휴식을 취한 후 등산 열차 푸니콜라레를 타고 카프리 마을에 들어서면 섬마을에 명품상점이 쫙 늘어서 있는 진풍경이 펼쳐진다. 명품상점들을 지나 계속 가면 눈앞에 그림 같은 정원과 정원에서 내려다보이는 바다 풍경이 일품인데, 여기가 카프리섬 최고의 전망대 아우구스토 정원이다.

　　푸른 동굴로 가기 위해 다시 푸니콜라레를 타고 마리나 항구에 오니, 오늘은 파도가 험해 동굴 탐험이 안 된단다. 대신 아나카프리로 버스로 이동하여 리프트를 타고 산 정상에서 카프리섬 전체를 조망했다. 고급 휴양지인 이곳이 지금은 관광객들로 넘쳐나 휴양이란 의미가 퇴색되어 다시 찾고 싶은 마음이 생기지 않는다. 아말피 일정 중 여기서만 한국인 패키지 관광객 두 팀을 만났다. 푸른 동굴을 보지 못한 아내가 아쉬움이 많은 하루였다.

바그너가 작곡에 몰두하기 위하여 머물렀던
꿈속 같은 휴양지 라벨로

바그너를 만난 곳
라벨로

    몇 년 전 서울 '예술의전당'에서 한국이 낳은 세계적인 성악가 연광철이 주연한 바그너의 〈파르지팔〉을 무려 5시간 동안 관람하면서 지루함 속에서도 연광철 목소리에 감명받았던 기억이 있다. 그 파르지팔을 바그너가 이곳에 머물면서 영감을 얻어 작곡했다는 라벨로, 아말피와 같은 마을쯤으로 생각했는데 도착해서 본 라벨로는 마을 전체가 정원 같은 느낌이다.

    루폴로 가문이 지은 저택 안으로 들어가면 바그너가 영감을 받은 정원이 나오는데, 이 정원을 거닐면 저절로 악상이 떠오를 것 같은 생각이 들 정도로 환상적인 풍경이다. 아내랑 한참을 정원에 앉아 바다를 보고 앉아 있으니 평온한 행복감이 밀려온다.

　바그너의 영향일까? 이 작은 마을에 매일 음악회가 열린다. 오늘
저녁에도 피아노 듀엣 공연 포스터가 붙어 있다. 라벨로는 매년 8월
에 열리는 음악 축제가 세계적으로 유명하다. 광장으로 들어가는 터
널 안 벽면에 그동안 음악제에 참가한 세계적인 음악가 사진이 연도
별로 붙어 있는데 2003년도 지휘자 정명훈 사진이 있어 뿌듯했다. 다
시 이탈리아에 오면 이곳 라
벨로에 머물면서 음악회도 가
고 이 지역에서 생산된 와인
을 마시는 생각을 해본다.

아말피로 돌아와 점심과 휴식을 취한 후 라벨로 반대쪽 마을 포지타노에 버스를 타고 갔다. 버스표를 마을 담배 가게에서 판매하는 것이 재미있다. 좁은 해안  길을 대형버스가 정말 잘도 간다. 대관령 길이 굽이굽이 어렵다고 하지만 아말피해안 길에 비하면 아무것도 아니다. 해안 절경과 버스 기사의 신기에 가까운 운전에 감탄하면서 포지타노에 도착했다.

포지타노 골목에 들어서니 카프리섬을 가면서 바다에서 본 느낌과
는 또 다른 풍광이다. 레스토랑과 명품상점이 나란히 사이좋게 있는
곳에 사람들이 붐빈다. 참 많은 피부색의 사람들과 마주친다. 아말피
엔 세 곳의 대표 마을이 있는데 세 곳 중 가장 크고 중심에 있는 아말
피, 해안 건물 풍경이 컬러풀한 포지타노, 근사한 정원에 머물고 싶은
라벨로, 느낌과 색깔이 서로 다르다.

포지타노의 컬러풀한 골목과 건물들을 구경하고 아말피로 돌아와 저녁을 두오모 광장에서 벗어나 마을 주민들이 이용하는 레스토랑에서 오믈렛과 맥주로 아말피에서 마지막 만찬을 했다.

식사를 마치고 두오모 광장을 지나면서 그제야 여기에 있는 성당이 눈에 들어온다. 이탈리아 여행 일주일 만에 성당이 시시해진 걸까? 예수의 열두제자 중 1명인 성 안드레아의 유해가 안치되어 있는 유서가 깊은 대성당인데 미처 알아보지 못한 게 미안한 생각이 들어 사진을 찍어 남긴다.

로마교통의 중심지 테르미니역

다시 로마로

아말피를 떠나는 날 아침에 비가 내렸다. 9일 전 한국에서 로마에 도착한 날부터 무척 무더웠기에 반가운 비였다. 햇반 미역국과 모닝빵으로 아침 식사를 하기 위해 어제 갔었던 빵집에 갔다. 서툴게 주문하는 걸 보고 빵 한 개에 3유로를 달란다. 어제 2유로에 샀다고 하니 씩 웃으면서 2유로에 가져가란다. 택시 기사, 식당, 빵집할 것 없이 조금만 방심하면 바가지를 쓴다. 깎았다고 웃어야 할지, 울어야 할지 묘한 아말피를 떠나는 날 아침이다.

차량 픽업을 요청한 시간보다 30분 일찍 광장으로 나가 기다리는 동안 택시 기사에게 나폴리까지 얼마냐고 물으니 160유로란다. 픽업이 30% 저렴하니 픽업하길 잘했다. 로마로 돌아오는 길은 아말피해

안마을 중 가장 마음에 들었던 라벨로 마을을 지나간다. 나중에 이탈리아 남부 해안마을에 다시 올 기회가 있다면 라벨로에 숙소를 정하고 머물고 싶다.

아말피에서 다시 로마로 돌아와 3일간 묵을 숙소는 교통이 편리한 테르미니역 인근 한인 민박이다. 숙소별로 어느 곳이 더 편하고 가성비가 좋은지 비교도 할 겸 다양하게 숙소를 정했다. 한인 민박에 도착해 짐을 풀고, 이른 저녁을 먹기 위해 테르미니역 근처 레스토랑에서 해물 리소토와 파스타를 주문했는데 맛이 있었다. 가격이 좀 비싼게 흠이었지만, 과일을 사려고 역 구내에 있다는 incoop을 아무리 찾아도 찾지 못해 안내원에게 세 번을 물어 겨우 찾아갔다. 자두, 오렌지를 사고 그 유명한 포켓 커피는 없어서 사지 못하고 숙소로 돌아와 오늘 일정을 마무리한다.

중년부부의 이탈리아, 프랑스
한 달 배낭여행

로마근교 티볼리에 있는 아름다운 빌라 데스테 정원

10일 차

빌라 데스테로
소풍 가는 날

이탈리아 여행 열흘 정도 지나서 민박집 주인 부모가 하는 다른 민박집에 아침을 먹으러 왔다. 딱히 한식을 먹어야겠다는 생각보다 한인 민박에서 제공하는 식사가 궁금했다. 모처럼 밥과 오이무침, 깍두기, 콩나물, 돼지고기 수육을 맛있게 먹었다. 아이 셋과 함께 여행하는 40대 부부도 만나고, 민박집 어머니로부터 이탈리아 중부 지방 요리가 지방색이 풍부하고 맛있다는 조언에 앞으로 있을 중부 여행이 기대된다.

오늘은 로마에서 버스를 타고 1시간가량 달리면 닿는 작은 도시 티볼리 가는 날. 맛과 가격 모두 만족스러워 단골 식당이 돼버린 테르미니역 푸드코트 'Iì'에서 도시락 빵을 준비하여 배낭에 넣고 지하철

62

중년부부의 이탈리아, 프랑스
한 달 배낭여행

B선을 타고 폰테맘몰로역에서 티볼리행 버스로 갈아타고 티볼리에 도착했다.

 티볼리엔 수백 개의 분수가 아름다운 정원이 있는 빌라 데스테와 로마 황제 하드리아누스가 지은 휴양지 빌라 아드리아나가 있는데 우린 빌라 데스테만 여유롭게 둘러보기로 했다. 데스테가 있는 마을에서 제일 먼저 만난 것은 새벽시장, 꽃과 다양한 채소와 과일들을 팔고 있다. 이탈리아 시장의 특징은 어느 시장이든 입구에 꽃을 파는 곳이 있다. 활기찬 상인들과 마을 주민들의 모습이 여행의 즐거움을 더해준다.

우리의 목적지 빌라 데스테, 입장료로 10유로를 받는다. 시골에서 입장료가 너무 비싸다고 생각했는데, 건물 내부를 지나 정원을 내려다보는 순간, 와! 하는 탄성이 절로 나온다. 16세기에 어쩜 이렇게 수압에 의해 수백 개의 분수가 움직이는 정원을 만들었는지 놀라울 따름이다. 오랫동안 머물러도 계속 있고 싶게 만드는 곳, 이곳 사람들은 축복받은 사람들이다. 옆에서 단체로 소풍을 온 이탈리아 초등학생들의 재잘거리는 소리도 정겹다. 잠시 머물러도 기분이 편안해지고 '휴식이란 이런 거구나'를 느끼게 해주는 곳이다.

중년부부의 이탈리아, 프랑스
한 달 배낭여행

로마에 돌아와 피곤한 아내는 숙소에서 쉬게 하고 이틀 후면 떠나는 로마에서의 시간이 아쉬워 혼자서 사람들이 붐비는 테르미니 역으로 갔다. 짧은 기간 동안 단골 식당이 된 'li' 레스토랑에서 스테이크와 맥주로 오늘 일정을 마감한다.

통일기념관 옥상에서 본 로마전경
2천년 전 건물과 현대건물이 이질감 없이 조화를 이루고 있다

볼 게 너무 많은
로마

5월 5일 어린이날, 손녀 나온이를 태어난 이후 가장 오랫동안(무려 10일) 보지 못해 끙끙 앓던 아내가 보고 싶은 나온이랑 영상통화로 하루를 시작한다. 어제 슈퍼에서 사 온 요플레, 레몬 음료와 빵, 오렌지로 아침 식사를 하고 숙소 앞 동네 카페에서 에스프레소 한 잔을 출근하는 로마시민들 틈에서 마셨다. 이탈리아에 와서 에스프레소를 식사 후나 여행 중에 마시는 습관이 생겼다. 그새 현지인이 된 건가? 이 동네 카페 에스프레소 한 잔 가격이 0.7유로다. 지금까지 가본 카페 중 제일 저렴하다. 음식, 택시, 버스 요

금 등 대부분의 가격이 한국보다 비싼데 커피만큼은 저렴하다.

오늘 첫 일정으로 방문한 곳은 베네치아 광장 맞은편 이탈리아 통일기념관, 워낙 고대 유물들이 많은 로마여서인지 근대기념관은 상대적으로 빈약한 느낌이다. 기념관 옥상이 로마 시내 전체를 조망하기 좋다기에 올라갔는데 입장료가 10유로, 이놈들 관광객들에게 무지하게 빼먹는다. 지금의 이탈리아를 2천 년 전 로마가 먹여 살린다는 말이 딱 맞는 말이다. 훌륭한 조상을 둔 이곳 사람들이 부럽기는 하다. 기념관 옥상에서 본 로마의 모습은 고요하고 엄숙한 느낌이다. 사방이 수천 년 유적지 위에 세워진 도시라 모든 건물이 나지막하다.

중년부부의 이탈리아, 프랑스
한 달 배낭여행

독립기념관에서 나와 다리가 아파 오래 서 있기 힘든 아내는 광장에서 쉬고, 나는 기념관 뒤에 있는 리소르지멘토 미술관을 찾았다. 마침 모네 전시회가 열리고 있다. 한국에선 만나기 힘든 모네의 그림을 초기 가족 초상화, '수련'을 그리던 시기, 일본식 다리와 정원, 마지막 장미를 그린 시기로 구분하여 뜻밖에 명화를 감상한 소중한 시간이었다. 미술관 관람이 한국과 다른 점은 명화를 만지지만 않으면 코앞에까지 다가가 볼 수 있고 사진을 자유롭게 찍을 수 있는 점이다.

1시간 넘게 기다린 아내에게 미안해서 길거리상점에 들러 로컬 액세서리 목걸이와 팔찌가 잘 어울리기에 사 주었더니 금세 표정이 소녀처럼 환해진다.

100년 전통의 로마 대표 빵집 레골리에서 시칠리아 전통 간식 카놀리와 산딸기가 가득 올라간 딸기 컵케이크 토르티네 프라골라를 에스프레소와 함께 먹으니 여행의 피로가 싹 가시고 마냥 행복해진다.

산타 마리아 마조레 성당

　숙소에서 가까워 오가며 지나쳤던 이 성당이 그냥 성당이 아니었다. 4세기 교황 리베리오 1세의 꿈에 성모마리아가 나타나 "8월 5일 눈이 내릴 것이니 그곳에 나를 위한 성당을 세우라" 예언하였는데, 예언에 따라 눈이 내렸고 꿈속 예언대로 교황이 성모마리아를 위해 지은 성당이라고 한다. 현재의 모습은 1743년에 완성된 역사와 의미가 깊은 성당이었다. 저녁 6시쯤 방문하니 미사가 진행 중인데 평화롭고 감동적이다.

성당에서 나와 오늘 저녁은 뭘 먹을까? 고민하다가 성당 인근에 있는 '한국 식품' 마트에 들러보기로 했다. 여행을 시작한 지 십수 일이 지났지만, 이탈리아 음식이 질린 건 아니어서 집밥이 딱히 생각나진 않았다. 하지만 마트에 어떤 한국 식품이 있을지 궁금했다. 떡, 잡채 등 예상보다 많은 한국 식품들이 있었다. 컵라면과 김치를 구매하고, 내셔널 지오그래픽이 선정한 세계 10대 빵집 '파넬라' 빵과 함께 저녁으로 먹었다.

지금 교황이 교황에 선출된 직후 프란체스코 성인을 따르겠다고 한
13세기 프란체스코 성인의 고장 아시시

12일 차

아시시 성인을
만나다

      이탈리아 중부는 내륙으로 이탈리아 속살을 볼 수 있는 지역이다. 시골 마을과 성당, 포도 농장 등을 볼 수 있는데 교통편이 불편한 것이 흠이다. 자동차를 빌릴까 하다가 현지 투어를 전문으로 하는 '유로자전거나라' 중부 투어를 이용하기로 했다. 투어는 로마에서 출발해 아시시-스펠로-시에나-산 지미냐노-친퀘테레-피사-피렌체를 방문하고 다시 로마로 돌아오는 코스인데 우리는 마지막 날 로마로 돌아오지 않고 피렌체에서 남기로 하고 투어에 참여했다.

  중부 투어 첫 일정으로 아시시를 방문했다. 한국에서 로마에 처음 도착했을 때 고대 로마의 어마어마한 위용에 감탄했었는데 로마를 떠나 관광지가 아닌 중세 유럽 풍경을 고스란히 간직하고 있는 아시시는 로마와는 전혀 다른 차원의 느낌으로 감동을 준다. 지금 교황이 교황에 선출된 직후 프란체스코 성인을 따르겠다고 한 13세기 프란체스코 성인의 고장 아시시.

크림 앤드 핑크 컬러가 방문객을 따뜻하게 위로하며 맞이한다. 세속적인 부를 버리고 어려운 이웃들을 위해 청빈한 삶을 산 프란체스코 성인, 청빈을 실천하는 게 어려워 역대 교황이 한 번도 사용하지 않았던 프란체스코란 이름을 지금 교황이 교황으로 선출된 직후 프란체스코 성인을 따르겠다는 선언에 수많은 신도가 열광했다고 한다.

700년 전, 물질보다 청빈한 것이 행복한 삶임을 깨달은 실존했던 인물과 그 인물을 기록으로 상세히 남기고 존경하며 따르고자 하는 주민들, 이탈리아뿐만 아니라 많은 나라 순례객들의 방문이 이어지는 광경도 감동적이다. 무엇이 그리 소중하다고 많은 것을 껴안고 아등바등 살아가는 나의 모습을 반추해 본다. 조금씩 내려놓고 천천히 주위를 둘러보는 여유를 가져야겠다.

그리고 아시시에는 클라라 성녀가 있다. 클라라 성녀가 주 4일 단식을 하며 좋은 음식을 탐하였던 자신을 반성했던 삶을 후손들이 성당을 지어 추모하며 닮고자 하는 것도 큰 울림을 준다. 아시시의 아늑한 풍경과 두 성인의 삶이 따뜻한 위로가 된다.

중년부부의 이탈리아, 프랑스
한 달 배낭여행

버스를 타고 아시시 인근에 있는 스펠로 마을로 이동한다. 스펠로
는 매년 5월에 마을 전 주민이 산과 들에서 꽃을 따 마을에 꽃길을 만
드는 축제가 열린다. 아쉽게도 축제를 직접 보지 못하였지만, 이 전
통을 수백 년간 지속한 주민들의 전통에 대한 자부심이 느껴진다. 집
앞 테라스와 골목을 꽃 화분으로 예쁘게 꾸며 이웃과 방문객들을 행
복하게 하는 마을 주민들이 고맙고 그러한 삶이 부럽다.

성모마리아의 펴진 옷을 상징한다는 시에나 캄포 광장
매년 700년간 이어온 팔리오 경기가 열리는 곳이다

13일 차

700년간 이어져 내려온
전통 팔리오 경기

이탈리아 중부 시에나

2002년 월드컵이 열릴 무렵 안정환이 뛰었던 페루자에서 조금 북쪽에 있는 시에나. 그 지역의 붉은 벽돌로 지은 건물은 오랜 세월에 닳아버린, 시간이 멈춰진 것 같은 편안함이 느껴진다.

성모마리아의 펴진 옷을 상징한다는 캄포 광장은 이탈리아 다른 도시에 있는 광장들과 느낌이 확연히 다르다. 이 광장에서 매년 7월과 8월에 시에나 17개 마을이 참여하는 팔리오 경기가 열리는데 무려 700년간 이어온 전통이라 한다. 팔리오 경기는 안장 없이 말을 타고 달리는 경주인데 사진으로 본 경기 모습에서도 열기와 함성, 전통과 자부심이 느껴진다. 시에나 사람에게 "팔리오란 당신에게 어떤 의미인가?" 물으면 "나의 삶의 전부이다"라고 답한다고 한다. 자기가 살고 있는 고장의 전통을 온몸으로 느끼며 행복하게 살고 있는 이들이 한없이 부럽다.

중년부부의 이탈리아, 프랑스
한 달 배낭여행

시에나에 있는 아름다운 성당 두오모 내부 바닥에는 돌 그림으로 성서의 이야기를 나타내고 있다. 또 성당 내부에는 르네상스 시대 아방가르드 도나텔로 성 요한 청동상이 있다. 추함과 나약함, 고통을 표현한 시대를 앞서간 조각가이다. 두오모를 나와 캄포 광장에 누워 눈을 감으니 팔리오 경기장의 함성이 들려온다.

 시에나를 출발하여 '훌륭한 탑들의 도시 산 지미냐노'에 도착했다. 귀족들이 부를 과시하기 위해 쌓은 탑들이 한때 100개가 넘었는데 지금은 14개의 탑이 남아 있다고 한다. 중세에 지어진 12개의 성곽이 남아 있는 산 지미냐노 역사 지구는 유네스코세계유산으로 지정되어 있고 이 지역의 사암에서 자란 베르나차 포도로 만든 화이트 와인 '베르나차 디 산 지미냐노'도 유명하다.

관광객들에게 시에나에서 가장 인기가 많은 젤라토, 세계대회 우승을 여러 번 했다고 한다. 한국에 진출하면 크게 성공할 것이란 생각이 들었는데, 대리점을 내면 돈을 많이 벌 수 있지만 내지 않는 이유를 주인인 할아버지에게 물으니 "장인이 할 일은 돈 버는 것이 아니라 후진을 양성하는 것이다"라고 답을 했다고 한다. 그 말에 맛을 안 볼 수가 없어서 긴 줄을 서서 기다려 사 먹은 젤라토는 멋진 주인장이 운영하는 가게답게 맛이 기가 막혔다.

4일간 같이 여행하는 이탈리아 중부 투어 구성원이 재미있다. 미국과 한국에서 온 세 자매, 남편이 대기업 전직 유럽 주재원인 부부, 이탈리아 여행 가이드 딸이 초청한 노부부, 캐나다 유학 중인 딸과 함께 온 모녀 등 다양하다. 여행 중간에 각자 살아온 이야기를 나누는 것도 여행의 또 다른 즐거움이다. 사람들이 참 다양하게 세계 여러 곳에서 사는 걸 느꼈다. 여자들은 금방 친해져서 내가 메고 다니는 가방이 멋있다고 어디서 샀느냐고 묻는다. 아내는 신이 나서 대답한다. 캐나다에서 온 모녀는 아내에게 캐나다 여행을 오면 꼭 전화하라며 전화번호를 적어준다. 하루가 지나자 같이 와인을 마실 정도로 친해졌다.

5개 마을이란 뜻의 친퀘테레,
죽기 전에 꼭 가봐야 할 명소 중 하나이다

14일 차

자연의 요새
친퀘테레

　　5개 마을이란 뜻을 가진 친퀘테레로 가기 위해 토스카나 지역 호텔에서 라스페치아 역까지 버스로 1시간 20분을 달려 도착했다. 라스페치아역에서 첫 번째 마을인 리오마조레까지는 9분, 마지막 마을 몬테로소알마레까지는 25분이 걸린다.

　우린 다섯 마을 중 리오마조레, 몬테로소알마레 두 곳을 방문했다. 침략당해 노예로 사는 것을 피할 목적으로 접근이 어려운 절벽 위에 집을 지었다는 친퀘테레는 절벽과 절벽을 이어 포도 농장을 가꾼 길이가 무려 7천 킬로에 달한다고 한다. 1천 년 동안 험준한 곳에서 순응하며 정착하여 살아온 이곳 원주민들이 노력이 경이롭다. 인간 의지의 위대함을 느끼게 하는 마을이다.

리오마조레역에서 우리 연배의 한국인 부부를 만났다. 남편이 렌트한 차를 직접 운전하며 로마에서 여기까지 왔다고 한다. 여행 10일 차인데 지도와 도로 표지판 보고 운전하느라 정작 여행을 편하게 즐기지 못했다며 우리가 여행사 투어에 참여한 것은 너무나 잘했다고 한다. 다시 보니 남자 몰골이 핼쑥하다. 우리가 선택을 잘했다니 괜히 기분이 좋아진다.

절벽 위 카페에서 소중한 자투리 공간에서 재배한 포도로 만든 화이트와인 '샤케트라' 한 모금을 목구멍으로 넘기니 감미로운 맛이 꿈속을 거니는 듯하다. 하기야 이곳 풍경이 꿈같은 풍경 아닌가?

피사의 사탑

15일 차

가이드 장인
엘레나

오늘은 4일간의 중부 투어 마지막 일정인 피사와 피렌체를 방문하는 날이다. 열정적인 가이드 엘레나의 안내로 피사의 사탑 주차장에 도착하니 우리 일행이 탄 버스만 보인다. 이렇게 서둘러야 피사의 사탑에 올라갈 수 있다. 아침 9시 첫 타임에 올라갈 수 있는 남은 자리가 29명, 노련한 엘레나 덕분에 우리 일행 모두 사탑에 올라갈 수 있었다. 기막힌 행운에 우리 일행 모두는 즐거운 기분으로 사탑에 올랐다.

1173~1372년 200년 동안 지은 사탑은 지반이 약하고 60미터 높이에 비해 하층부를 좁게 설계해 완성되기 전부터 기울어졌다고 한다. 그 후 갖은 노력을 다했음에도 성과를 거두지 못했는데 1990년

중년부부의 이탈리아, 프랑스
한 달 배낭여행

10년간 보수공사를 해 기울어지는 현상을 멈추게 했다. 사탑 꼭대기에 서서 두오모와 세례당을 내려다보고 있는데, 바로 옆 청동 종 울리는 소리가 온몸을 관통하며 심장을 때리는데, 그 울림이 지금도 귓가에 남아 있다. 탑에서 내려와 광장에서 본 두오모와 세례당이 무척 아름답다. 우유색 은은한 대리석 색감이 마음을 평온하게 한다.

버스를 타고 도시 전체가 박물관이라는 피렌체로 이동하는 1시간 30분 동안 엘레나의 설명이 이어진다. 르네상스가 피렌체에서 태동이 된 이유는 피렌체에 메디치 가문이 있었기 때문이다.

미켈란젤로, 라파엘로, 도나텔로와 같은 천재들이 꽃을 피울 수 있도록 후원하였던 메디치 가문은 4명의 교황까지 배출한 유럽 역사의 큰 줄기라 할 수 있다.

엘레나는 직전, 성지순례 안내에 이어 이번 중부 투어까지 18일째 이어지는 강행군임에도 끝까지 자기 일에 최선을 다한다. 그 모습이 감동적이다. '청년들이 엘레나 같은 마인드와 열정을 갖는다면 무슨

일이든 해낼 수 있을 것이란 생각을 해본다'

  자꾸 내려앉는 천 근 눈꺼풀을 손으로 밀어 올리며 엘레나의 설명을
놓치지 않으려 애써본다. 지금 41살, 50이 넘으면 넘치지 않고 의뢰인
과 와인을 마시며 예술을 논하는 가이드의 장인이 되고 싶다는 엘레
나. 10년 후 피렌체 어느 카페에서 엘레나와 함께 와인을 마시며 르네
상스를 이야기하는 상상을 해본다. 이날의 여행기를 유로자전거나라
홈페이지 투어 후기에 올렸는데 며칠 후 가이드의 답장이 올라왔다.

중년부부의 이탈리아, 프랑스
한 달 배낭여행

제목 [Re.] 고맙습니다. 엘레나입니다

작성자 이은임 가이드 　　　　　**등록일** 2018-05-19

구분 투어상품[이탈리아 중부 3박 4일 레알팩] 　**조회수** 1,953

안녕하세요~ 선생님.

카톡으로 선생님께 이야기를 듣고 얼마나 반갑고 고마웠는지 모릅니다. 잊지 않으시고 이렇게 추억이 아늑하게 서린 글을 올려주셔서 고맙습니다. 여행 후 일상으로 잘 돌아가셨지요.

돌아가신 일상은 어떠신지 궁금합니다.^^

선생님의 멋진 세미 수트핏도, 사모님의 소녀같은 웃음도 중부와 참 잘 어울리셨어요. 아침마다 그분의 영접을 멀리하고자 제게 집중해 주신 모습도, 너그러운 미소와 밝은 기운도 모두 생생하게 기억에 남습니다.

그날은 열흘의 성지순례를 파리에서 종료하고 로마로 복귀하여 오랜만에 중부 투어를 진행하는 날이었지요. 어찌 피곤하지 않을 수 있겠습니까? 하지만 거짓 없이 몸은 피곤하나 정신은 너무 행복했던 4일의 여정이었습니다.

우리 참 많이 함께 웃었던 것 같습니다. 제가 얼마나 행복한 사람인지 새삼 확인했던 시간이었고 그러면서 제가 하는 이 일에 대한 고마움을 다시 한번 느꼈던 4일이었습니다. 가이드라는 직업에 고마움을 느낀 하루였습니다. 이 직업을 평생 하고 싶습니다.

체력의 한계만 없으면….

지식적인 부분에 대한 갈증을 즐기며 하나하나 풀어가는 것에 흥미를 잃지 않으면….

르네상스적인 생각과 실천에 여지없이 공감하며 실천하기를 주저하지 않으면….

계속해서 이 일을 하고 싶습니다.

많이 어렵고 힘들다는 것을 알기에, 도전하고 싶고, 그 도전에 때로는 반의반도 성공하지 못하고 좌절할 때도 있지만 이렇게 힘이 되는 응원의 글을 읽을 때마다, 제 꿈과 제 이야기를 들어주시며 힘을 주시는 분들이 계신다는 것에 다시 한번 용기를 내봅니다.

늦었다고 생각할 때가 정말 늦었다고들 하지요. 요즘은….

늦었다고 생각할 때가 가장 이른 때라고는 말은 못 하겠지만….

중년부부의 이탈리아, 프랑스
한 달 배낭여행

늦었다고 생각할 때가 가장 큰 힘을 낼 수 있으며 가장 절실한 때라는 건 맞는 것 같습니다. 그러기에 더 치열하게 그 목표에 다다를 겁니다.

늦었다고 생각은 하지 않지만, 여지껏 이 목표를 두고 고민이 많았기에, 그래서 무서웠고 용기가 나지 않았고, 그러면서 자존감도 떨어진 것도 사실입니다. 하지만 올해에 성지순례를 다녀와서 큰 용기를 내봅니다. 다시 한번 마음을 다잡고 일어서겠습니다.

사람은 살면서 여러 가지 고비가 있습니다. 그것이 금전적인 것이 될 수도, 인간적인 부분이 될 수도, 건강적인 부분이 될 수도 있습니다. 하지만 어떤 시련과 고비가 와도 자신의 마음에서 그 해결을 찾을 수 있다고 봅니다. 죽음도 마음먹기에 따라선 평온이 될 수도 있으니 말입니다. 마음 단단히 먹고 최선을 다해 정진하겠습니다.

선생님, 넉넉한 웃음과 밝은 에너지로 큰 힘 주셔서 4일 동안 즐겁고 행복했습니다. 좋은 소식 듣고 다시 찾아뵙겠습니다. 사모님께도 안부 전해주십시오. 개인적인 사정으로 답변이 많이 늦었습니다. 선생님, 적어주신 마음이 담긴 글은 두고두고 꺼내 읽겠습니다. 읽을 때마다 에너지를 받을 것 같습니다. 다시 한번 고맙습니다.

15일 차

늘 건강하시고 행복하세요.

중년부부의 이탈리아, 프랑스
한 달 배낭여행

피렌체 미켈란젤로 언덕의 석양

16일 차

피렌체의
아늑함에 안기다

로마를 비롯해 이탈리아를 방문하는 지역마다 중국 식당과 슈퍼마켓이 없는 곳이 없었는데 피렌체에는 중국 버스도 있다. 역에서 더 몰 아웃렛으로 가는 노선이 이탈리아 버스는 13유로, 중국 버스는 5유로에 생수까지 서비스로 제공하여 많은 한국 관광객이 이용한다. 중국인들의 상술이 놀랍다.

오랜 여행의 긴장도 풀 겸 방문한 더 몰 아웃렛은 한국과 달리 브랜드별로 건물이 떨어져 있다. 식당 겸 카페도 한 곳뿐으로, 다양한 식당들이 있는 한국 아웃렛과는 분위기가 달랐다. 아이들 여행 선물 몇 가지를 구매하여 피렌체로 귀환했다.

해 질 무렵 미켈란젤로 언덕에서 보는 피렌체 풍경이 아름답다는 민박 주인의 조언에 따라 저녁을 일찍 먹고 강변을 따라 미켈란젤로 언덕을 올라갔다. 아직 이른 시간임에도 많은 사람이 광장에 가득하다.

해 질 무렵 언덕에서 보는 피렌체 석양은 황홀하다.
아내는 그 아름다움에 눈물이 난다고 한다. 우린 말없이 한참을 감상했다.

언덕에서 내려와 시내로 들어오는 길목마다 길거리 공연을 한다. 많은 사람이 편안하게 음악을 즐긴다. 나도 그들과 하나가 되어 어깨를 들썩이며 흥얼거려 본다. 피렌체 밤거리를 거닐면서 여행의 참맛을 느낀다. 평화로운 이탈리아가 점점 좋아진다.

'비너스의 탄생', 산드로 보티첼리작,
우피치 미술관 소장

17일 차

유럽 최고 메디치 가문이 세운
우피치 미술관

어제의 느긋한 일정과 달리
오늘은 오전 두오모와 세례당, 지하 유
적, 조토의 종탑 방문, 오후 우피치 미술
관 가이드 관람을 하는 빡빡한 일정이
다. 두오모 입장이 오전 10시이기에 30
분 일찍 가면 충분하겠지 하고 갔는데
벌써 줄 끝이 안 보인다. 1시간은 넘게
기다려 겨우 성당에 입장했는데 성당
내부는 휑하다 못해 썰렁하다. 3만 명을
수용하는 세계에서 네 번째로 큰 성당
이지만 아름다운 명성으로 유명한 큐폴

라(성당 지붕)에 비하면 내부는 정말 별로 볼 것이 없었다.

    조토의 종탑도 강렬한 햇빛에 1시간 넘게 줄을 서 힘들게 입장했
다. 아내는 종탑을 걸어 올라가기가
힘들어 광장 건너편 다리 위 상점들을
구경하기로 하고 나 혼자 올라갔다.
오전 내내 기다림에 지쳐서인지 보이
는 풍경이 눈에 안 들어온다. 이럴 땐
휴식이 최고이다. 점심으로 간단하게
먹을 샌드위치를 사서 숙소로 돌아와
휴식을 취했다.

오후 우피치 박물관도 우리가 방문한 날이 5.1일 노동절 이후 가장 많은 관람객이 몰린 날이란다. 오늘 인복이 터진 날인가 보다. 입장해서 3층 전시실에 도착하는 데 1시간이 걸렸다. 메디치 가문의 명성답게 소장한 작품들 규모가 대단하다. 힘들었지만 미술관 작품들은 충분한 보상을 해주었다. 미켈란젤로, 레오나르도 다빈치, 역사상 가장 위대한 천재들 작품을 내 눈으로 보는 감동은 말로 다 표현할 수가 없다.

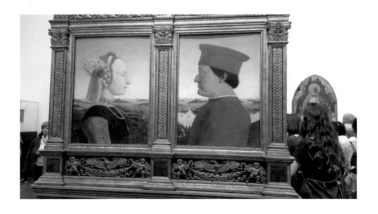

중년부부의 이탈리아, 프랑스
한 달 배낭여행

저녁은 두오모 광장에서 가까운 시장 안에 있는 2층 건물 전부가 우리나라 푸드코트와 같은 곳에 갔는데, 이탈리아의 모든 종류의 음식을 한곳에서 맛볼 수 있는 곳이었다. 스테이크와 채소튀김을 맥주와 곁들여 먹고 후식으로 과자 케이크와 젤라토를 먹으니 배가 터질 지경이다. 그런데 이 정도는 이곳 사람들이 먹는 양에 비하면 반 정도에 불과하다. 이탈리아 사람들은 작은 체구에 비하여 정말 많이  먹는다. 왁자지껄한 분위기 속에 있으니 현지인이 된 기분이다.

피렌체에서 3박 4일 동안 머무른 놀러와 하우스 주은성 주인장과 맥주 한 잔으로 마지막 밤을 보낸다. 33세 젊은 친구가 피렌체 중심 광장에서 혼자 민박집을 운영하며 사진 출사까지 하는 걸 보면 대단하다. 유로자전거나라 엘레나 가이드, 주은성 민박 사장 같은 패기 있는 젊은 친구들을 만난 것도 여행의 재미 중 하나이다.

중년부부의 이탈리아, 프랑스
한 달 배낭여행

물의 도시 베네치아

18일 차

베네치아
펜트하우스

      이탈리아 내에서도 이국적인 풍경의 매력적인 도시 베네치아. 셰익스피어 《베니스의 상인》 소설의 배경이었고, 우리가 즐겨듣는 비발디의 〈사계〉 작곡가인 '안토니오 비발디'가 태어난 곳이기도 하다. 그래서 이탈리아 여행을 계획했을 때 로마 다음으로 가보고 싶은 곳이 베네치아였다. 산타 루치아역 로마 광장에서 처음 마주한 베네치아 풍경은 물 위에 떠 있는 도시였다. 택시도 배, 버스도 배, 자동차 대신 배가 교통수단이다.

역에서 10분 남짓 거리에 있는 펜트하우스, 3층까지 무거운 캐리어를 들고 힘들게 올라갔는데 집을 화랑같이 아름답게 꾸며놓았다. 이야기를 나눠보니 안주인이 화가이다. 집 안 곳곳이 정성 들여 가꾼 흔적이 역력하다. 각자 그림 공부하러 왔다가 결혼하여 민박집을 운영한다고 한다. 그야말로 그림 같은 공간에서 생활하는 멋쟁이 부부가 운영하는 민박집이다. 그림 같은 도시에 그림 같은 집에서 꿈같은 여행이 시작된다.

숙소에서 나오니 토요일이라 골목마다 사람들로 가득하다. 숙소 앞 레스토랑에 사람들이 많이 있기에 거기서 저녁을 하기로 했다. 보통 주말엔 관광객뿐만 아니라 주민들도 동네 식당을 이용한다고 한다. 주문하는데 우리와 비슷한 또래의 옆 테이블 이탈리아 부부가 신

기한 듯 호기심을 발동한다. 서울을 다녀온 적이 있다며 익살스러운
표정으로 사진 배경이 되어주었다. 웨이터도 친절하게 이방인을 대
해준다. 유쾌하고 호기심 많고 친절한 이탈리아 사람들, 여행의 즐거
움을 더해준다. 해산물 스파게티와 생선, 와인으로 베네치아 입성을
기념하며 첫날을 보낸다.

베네치아 펜트하우스 아마추어 모델

19일 차

모델이 되다

베네치아 펜트하우스의 요청으로 스냅사진을 찍기로 했다. 주인 부부가 펜트하우스를 운영하면서 기념사진 촬영도 시작했는데, 홍보용으로 SNS에 올릴 사진 모델로 우리를 선발한 것이다. 펜트하우스 홍보모델이 된 들뜬 기분으로 모델 놀이를 시작했다. 베네치아는 동네 어디든 배경이 그림 같다. 30분 정도 예상했는데 1시간 30분 넘게 부부가 두 대의 카메라로 경쟁하듯이 찍었는데 우리가 자연스럽게 포즈를 잘 취해줘서 즐겁게 많이 찍었다고 한다. 베네치아에서 모델이 된 기분. 색다른 추억이다.

모델 놀이를 마치고 방문한 곳이 나폴레옹이 좋아했던 산 마르코 광장, 웅장하면서도 여행자를 포근하게 감싸 안은 구조가 지친 다리를 쉬어가게 한다.

광장이 바라보이는 카페에 들  어가 자리에 앉아 메뉴판을 보니 에스프레소 한 잔에 11.5유로, 기겁하고 일어나니 서서 먹으면 1.5유로라고 한다. 한국과 달라 도 너무 다른 문화에 아직 적응이 안 된다. 한 블록 뒷골목 레스토랑 에서는 피자가 광장 커피값보다 싼 9유로이다. 여기서 피자와 멸치와 양파를 올리브 기름에 볶은 것을 주문했는데 맛이 기대 이상이다. 여 행의 참맛은 이런 골목에서 현지인들이 먹는 음식을 맛보는 것이다. 이탈리아 음식이 입에 너무 잘 맞는다.

광장에서 골목으로 접어드니  명품상점, 로컬 상점, 레스토랑, 카페들이 골목마다 즐비하다. 골 목을 거닐면서 시간 제약 없는 여행의 자유를 만끽한다. 숙소로 돌아오는 길에 홍보용이지만 무 료로 사진을 찍어준 것에 대한 답례로 동네 꽃집에서 프리지어를 사서 주인에게 건네주었다. 환하 게 웃는 부부의 모습에 우리 마음도 같이 환해진다.

중년부부의 이탈리아, 프랑스
한 달 배낭여행

멋진 야경이 볼만하다고 해서 산 마르코 광장으로 다시 나갔다. 해질 녘 바다와 건물이 어우러지는 풍경이 너무나 아름답다. 그 위를 미끄러져 가는 크고 작은 배, 황홀한 꿈같은 풍경에 취해 있는데 갑자기 빗줄기가 떨어진다. 급히 수상버스를 타고 돌아오는데 천둥 번개가 치고 비가 엄청나게 쏟아진다. 우산을 준비하지 않아서 영락없이 물에 빠진 생쥐 꼴이 되겠다고 생각하고 배에서 내리니 거짓말처럼 억수같이 내리던 비가 멈추는 것이 아닌가? 숙소에 도착하니 주인 내외가 그 많은 비에 옷이 하나도 젖지 않은 것을 보고 놀란다. 우리 보고 행운의 여행객이라며….

산 조르지오 마지오레 성당 종탑에서 본 물의 도시 베네치아

피카소를 만나다

　　다시 산 마르코 광장을 찾았다. 성 마르코 유해가 안치된 산 마르코 대성당, 천장 황금빛 모자이크가 눈에 부시다. 대성당 종탑 대신 마르코 광장에서 마주 보이는 섬에 있는 산 조르조 마조레 성당 종탑에 오르기로 했다. 섬에 도착하니 마르코 광장과 다르게 고즈넉하고 한가롭다. 종탑에 오르니 눈앞에 펼쳐진 베네치아 풍경이 황홀하

다. 육지에서보다 몇 배나 힘들게 지었을 물 위의 건물들을 보며 베네치아 사람들의 의지와 노력에 감탄을 안 할 수가 없다.

종탑에서 내려와 성당 안에 있는 매너리즘 미술의 대표작인 틴토레토의 '최후의 만찬'을 관람하려는데 일본 단체 관광객들이 가이드의 설명을 진지하게 듣고 있다. 여행하면서 종종 외진 곳에서 일본인들을 만나곤 했는데 진지하고 조용한 관람 문화는 한국보다 선진국임을 부인할 수 없게 만든다.

배를 타고 산타 마리아 델라 살루테 성당으로 이동했다. 이 성당에는 '틴토레토'의 '가나의 혼인(1561)', '티치아노'의 '카인과 아벨(1544)' 그림이 유명한데 성물실에 별도로 모아놓고 유료(4유로)로 보여준다. 좀 치사한 생각이 들었지만 그림을 관리하고 유지하는 비용이 들겠단 생각이 들어 기꺼이 4유로를 내고 관람했다.

르네상스 미술이 지겨워질 무렵 피카소 그림이 있는 페기 구겐하임 미술관을 찾았다. 그녀가 뉴욕 생활을 정리하고 30년간 머물렀던 집을 미술관으로 개조한 것인데 조각이 있는 야외 테라스에서 대운하를 감상하는 멋도 일품이다. 저녁에 숙소에서 역 쪽 반대 방향으로 10분 정도 걸어가면 대운하보다 더 큰 바다가 나온다. 산책 도중 베네치아에서 가장 큰 마켓에서 과일과 맥주, 생햄을 사서 숙소로 돌아오는 광장에서 먹으니 현지인이 된 기분이다.

밀라노 두오모 광장
웅장한 건축물과 인파에 압도당한다

베네치아에서 밀라노로, 익숙해진 기차여행

베네치아를 떠나는 날

이틀간 민박에서 아침 식사를 아내랑 둘이서만 했는데, 오늘은 세 팀 여섯이다. 커플과 여자친구 둘. 아침 일찍 산책 겸 바 포르토(수상버스)를 타고 리알토 다리 근교에 있는 수산 시장에서 체리를 사 와 식탁에서 같이 먹으며 여행 이야기를 주고받는다.

우리는 베네치아를 떠나는데 이 친구들은 여행을 시작한다.

사흘 전엔 누군가가 떠나고 우리가 시작했었는데, 시작이 있으면 끝이 있는 법, 친절하고 상냥한 젊은 민박 주인 부부와 작별하고 산

타루치아역에 일찍 도착했다. 일명 고현정 크림으로 불리는 한국 여
행객들 필수 쇼핑 품목인 '카마돌리 수분크림'을 마님의 명령으로 산
책 아닌 산책을 하며 구매해서 열차에 탑승했다. 밀라노 중앙역에 도
착하니 오후 1시 30분, 지하철을 타고 세 정거장 거리에 있는 리터 호
텔에 도착한 시간이 2시, 이제는 역에서 지하철을 타고 이동하는 것
이 자연스럽다.

중년부부의 이탈리아, 프랑스
한 달 배낭여행

호텔에 짐을 풀고 인근에 있는 신선한 식재료와 그것으로 요리한 것을 함께 파는 '이탈리' 식당에서 안초비와 연어, 가지찜 요리와 와인으로 밀라노 입성을 자축하는 점심을 했다. 식사 후 두오모 광장으로 가는 길, 명품을 비롯해 로컬 상점들이 발걸음을 즐겁게 한다. 날씨가 흐려 쌀쌀하다. 상점에 들러 아내가 분홍 카디건을 사서 입으니 너무 잘 어울린다.

흡족한 걸음으로 광장에 도착하니 이탈리아 고딕 양식의 결정체 두오모 성당이 시선을 압도한다. 한참을 앉아서 바라보았다. 건축물 자체가 위대한 예술작품인 두오모, 오랜 시간 보아도 떠날 수 없게  만든다. 건축, 그림, 패션, 음식, 사람들이 어울려 다양한 볼거리를 창조해 내는 밀라노…. 머무는 기간이 짧은 게 아쉽다.

밀라노 수제벨트 공방
세상에서 한 개뿐인 벨트를 만들 수 있다

패션의 도시
밀라노

어젯밤부터 많은 비가 내리던 하늘이 아침에 개었다. 이탈리아 여행 내내 날씨 운이 좋다. 이탈리아 도시 중에 볼거리가 별로 없다는 밀라노, 그런데 두오모 광장에 들어서는 순간 크고 웅장한 두오모와 넓은 광장에 꽉 들어찬 인파에 압도당한다.

22일 차

129

수백 개의 뾰족탑과 거대한 성당 내부 기둥, 고딕 양식의 최고봉답게 놀라움의 연속이다. 지붕 위로 올라가 뾰족탑을 가까이서 보니 수백 개의 정교한 조각상이 뾰족탑 위에 올라가 있다. 지붕 위 수천 개의 기둥과 난간 무늬가 같은 것이 하나도 없다. 수백 년에 걸쳐 성당을 지은 사람들이 경이롭다. 지붕 위에서든 광장에서든 한참을 보아도 감탄의 연속이다.

패션의 도시답게 거리 양옆에 명품상점과 로컬 상점들이 즐비하다. 특히 남자들 패션이 장난 아니게 멋쟁이다. 컬러풀하고 개성 있는 옷들이 거리에 가득하다. 밀라노 방문 기념으로 수제품 벨트를 구매했다. 가죽과 버클을 고르면 즉석에서 실로 벨트를 꿰매 만들고 이니셜을 새겨 넣어 세상에서 하나뿐인 벨트가 된다. 22일간 이탈리아 여행 마지막 밤 이탈리아형 그로서란트 '이탈리'에서 와인과 과일, 안주를 사서 호텔에서 아내와 둘이 이탈리아와 이별 파티를 했다.

　　이방인에게 관대하며 친절하고 품성이 착한 이탈리아 사람들이 그리울 것 같다.

니스의 야경

니스 가는 길,
어설픈 소매치기와의 만남

이탈리아를 떠나는 날 아침, 밀라노 중앙역에서 남프랑스 니스빌역까지 4시간 넘게 소요되는 여정이라 일등석을 예매했는데 이게 발단이 될 줄이야…. 열차 탑승을 하려는데 제복 비슷한 옷을 입은 사람이 표를 자연스럽게 보자 하더니 잽싸게 짐을 들고 열차 안으로 들어가서 선반 위에 짐을 올려놓고 돈을 요구한다. 3유로를 주고 웃으면서 그러려니 했다. 열차가 출발하고 제노바를 지나 해안을 달리기 시작하니 푸른 바다가 눈앞에 펼쳐진다. 점심으로 간편하게 준비한 빵과 과일을 먹고 나니 졸음이 온다.

마주 보고 앉는 자리가 불편해 빈 좌석으로 옮겨 가방을 앞 좌석 등받이에 올려놓고 잠깐 졸았는데 가방이 스르르 움직이는 게 아닌가? 깜짝 놀라 가방을 잡아채니 앞 좌석에서 나온 손이 슬그머니 사라진다. 키도 훤칠하게 큰 이탈리아 청년인데 전혀 집시 같지 않은 놈이 소매치기였다. 이놈은 열차가 역에 서면 내리거나 화장실로 가는척하면서 역무원을 교묘하게 따돌린다. 열차가 출발하면 나와 눈이 마주쳐도 앞자리에 아무렇지도 않은 듯 앉는다. 역무원이 오면 귀신같이 알아채고 사라진다. 지나가는 역무원에게 소매치기가 앞자리에 있다가 나갔다고 서툰 영어로 말하니, 몇 번의 숨바꼭질 끝에 가까스로 그놈을 잡아, 무임승차로 역에서 끌어내리는데 일당이 3명이다.

가슴을 쓸어내리고 가만히 생각해 보니 열차를 탈 때부터 나를 호구로 지목하고 접근한 것이다. 그래도 잊어버린 물건 없이 무사히 리스에 도착해서 다행인데 아내는 많이 놀랐는지 얼굴이 노랗다. 숙소에 도착하니 피곤함과 배고픔이 한꺼번에 몰려온다. 이럴 땐 타향 음식이 입에 맞질 않는다. 평소 먹는 음식이 가장 좋다. 숙소에 짐을 풀고 식품점에서 라면과 김치를 구해 얼큰한 국물에 햇반을 말아 먹으니 살 것 같다. 아내가 20여 일 여행 기간 내내 한국 음식 한 번 찾질 않았는데 몸에 이상이 있으면 어쩔 수 없는 모양이다.

산책 겸 해안가로 나오니 그 유명한 니스 해변이 끝없이 펼쳐진다. 바다, 하늘, 구름, 바람까지 모두 푸른빛이다. 아! 니스, 여기가 니스구나!!

샤갈의 무덤이 있는 공동묘지
정원같이 아름답게 꾸며놓았다

프랑스 남부의 속살
생폴 드 방스

오늘은 니스 숙소 주인장인 미켈 고가 진행하는 니스 근교 투어를 가기로 했다.

서른셋 미켈 고는 프랑스에서 대
학을 졸업하고 알제리에서 회사에
근무하다 1년 6개월 전에 민박과
투어 안내를 시작했다고 한다. 니스
근교 투어는 물론 미술관, 골프, 니
스 한 달 체험, 요트 운행 자격증까
지 획득하여 요트 투어까지 하고 있다. 축구선수 이근호를 닮은 부지
런하고 열심히 사는 청년이다. 함께할 팀은 27살인 오빠와 24살 여동

생 남매가 엄마와 같이 유럽을 여행하는 가족인데 남매가 표정이 밝고 예의 바르다. 5명이 가족 같은 편안한 투어를 했다.

제일 먼저 방문한 생폴 드 방스

산속의 그림 같은 마을이다. 맑은 공기, 푸른 하늘, 새소리, 구름, 막 피기 시작한 꽃들…. 동화 속에 들어선 느낌이다. 눈앞에 펼쳐지는 것 모두 영화 속 장면 같다. 소풍 가듯 들뜬 기분으로 웃고 사진 찍고 걸으니 마냥 행복하다.

중년부부의 이탈리아, 프랑스
한 달 배낭여행

　이곳에는 20세기 미술계의 거장 샤
갈의 무덤이 있다. 공동묘지도 정원
같이 아름답다. 그곳에 샤갈은 아내
와 말년에 자기를 뒷바라지해 준 처
남과 함께 묻혀 있다. 화려했던 삶처
럼 죽어서도 행복해 보인다.

　샤갈 묘지를 방문하고 마을 골목
길을 걸었다. 집들과 가게들이 발길
을 머물게 한다. 가는 곳마다 셔터를
눌러댄다. 5월의 생폴 드 방스는 방문객들에게는 최고의 계절이다.
봄꽃과 초록으로 물들어 가는 나무와 아담한 집들이 어우러져 최고
의 풍경을 보여준다.

　　샤갈 박물관이 있는 앙티브로 가는 해변 길, 파란 바다가 쪽빛으로 변해 있다. 끝없는 쪽빛의 향연이 말을 잃게 한다. 샤갈 박물관 정원에서 내려다보는 바다, 화가가 아니라도 붓과 도화지가 있다면 그림이 그려질 것 같다.

중년부부의 이탈리아, 프랑스
한 달 배낭여행

호화 요트들이 정박해 있는 칸에 도착하니, 지금이 영화제가 열리고 있는 시기란다. TV를 통해서만 보았던 칸 영화제가 지금 열리고 있다니! 우리가 도착한 시간이 오후 5시경이라 우리가 아는 배우는 보지 못했지만 많은 카메라와 사람들이 레드 카펫 앞에서 기다리고 있다. 레드 카펫 앞에서 포즈를 취하니 배우가 된 기분이다. 향수로 유명한 그라스를 거쳐 오늘 일정을 마무리한다.

아담과 이브가 선악과를 따먹는 장면
샤갈작품

25일 차

니스의
샤갈 박물관

늦잠을 자고 좀 꾸물거렸더니 숙소를 나선 시간이 오전 10시 30분. 니스 마세나 광장 부근에서 버스를 타고 샤갈 박물관으로 갔다. 잘못 내렸나 싶을 정도로 사람이 없고 한적한 곳이다.

1970년 샤갈이 83세 때 세운 박물관이라 샤갈이 직접 작업한 모자이크 벽화가 있다(1887년에 태어나 1985년에 사망). 책에서 본 성서 이야기를 주제로 한 샤갈의 작품이 제일 먼저 관람객을 반긴다.

아브라함과 이삭, 모세, 방주, 천지창조, 아담과 이브의 낙원을 샤갈을 통해 만날 수 있었다. 아담과 이브가 선악과를 따먹고 추방되는 장면도 무섭지 않고 포근하다. 샤갈의 따뜻한 인간미 때문일 것이다. 살아서 오랜 기간 화가로서 명성을 누렸던 샤갈은 모든 그림이 따뜻하게 느껴진다.

푸른 지중해가 넘실대는 산책로 대장굴레, 19세기 중반부터 니스가 영국인의 휴양지로 각광을 받으면서 본격적인 개발을 영국인들이 주도하면서 붙인 이름이다.

공항까지 이어지는 푸른 지중해 해변이 장관이다. 한참을 벤치에 앉아 바다를 바라보고 있으면 저절로 힐링이 된다. 이른 계절인데도 바다에 들어가 바다와 한 몸이 되는 사람, 자갈 해변에 앉은 사람들, 산책로 벤치에, 호텔 테라스에서 석양의 니스 해변을 즐긴다.

저녁 9시가 지나서 마세나 광장의 새로운 명물 '니스에서의 대화' 7개의 조각상에 불이 들어왔다. 조각상이 서로 대화한다는 유명한 작품인데 난 별다른 감흥을 받질 못했다. 니스의 푸른 바다와 하늘 그것을 느끼는 사람들을 보는 것만으로 충분했다.

해 질 무렵의 파리 에펠탑

니스가 그리운
파리 입성

여행 마지막 일정을 파리에서 사위인 성일이와 손녀 나온이가 같이하고 싶다고 해서 우린 니스에서, 성일과 나온인 서울에서 파리로 와서 만나기로 했다.

테제베로 니스에서 5시
간 40분이 걸리는 파리,
출발할 때는 한산했는데
니스 인근 칸역에서 벌써
만석이다. 지난 이틀간의
파업 여파인지 입석까지
가득하다.

지중해 해안을 2층 열차에서 감상하는 맛도 훌륭하다. 이탈리아 열차와 달리 테제베는 2층 열차인데 아늑하고 깨끗하다. 휴식도 취할 겸 소매치기에 대비해 장거리 기차는 일등석을 예매했다. 식당칸에서 커피와 스낵도 주문해 먹고, 타고 내리는 사람들을 구경하는 사이 기차는 어느덧 파리에 도착했다.

그동안 적응이 된 걸까? 시내 안에서 이동은 택시보다 지하철이 비용도 절약되고 편하다. 파리 지하철은 메트로와 RER(교외 전철)가 혼재되어 있어 로마보다 복잡하다. 리옹역에서 한 정거장 거리인데 RER 입구를 한참을 헤매다 열차를 타고 숙소에 도착했다.

파리는 건물 안으로 들어가는 방법이 이탈리아와 달라, 숙소 입구에서 헤매고 있는데, 보기에 안쓰러웠는지 야외 카페에 앉아 있던 프랑스 청년의 도움으로 안으로 들어갔다. 힘들게 숙소를 찾아 들어갔는데, 아직 청소 중인 아파트가 난장판이다. 바닥은 삐걱거리고, 문은 제대로 닫히지 않고, 창문 커튼이 없어 밖에서 훤히 들여다보이고, 밖에서 웅성거리는 소리가 그대로 들린다. 함 서방과 나온이가 도착하는 공항으로 마중 가려다 지하철과 숙소 찾느라 너무 늦어 가질 못했다. 공항에서 숙소에 도착한 성일이도 "사진하고 차이가 너무 난다"라며 혀를 내두른다.

여행하면서 아내를 가장 힘들게 한 건 손녀 나온이었다. 나온이가 태어나서 거의 매일 봐오다가 근 한 달가량 못 봤으니 당연했다. 드디어 사위와 손녀가 파리 숙소에 도착했다. 오랜만에 보는 나온, 반가운 마음에 안으려는데 나는 물론 아내와도 눈도 마주치지 않고 운다. 낯선 환경과 시차 적응에 힘들었던 모양이다. 아내가 몹시 안타까워 속상해한다. 니스가 그리운 파리에서의 첫날이다.

손녀와 파리 골목길 산책

오랑주리 미술관
모네의 '수련'

다음 날 아침 하루가 지나자 손녀 나온이가 새로운 환경에 조금 적응이 되었는지 할미 품에 안긴다. 그제서야 우리는 안심이 되어 서로 얼굴을 보고 웃었다.

나온이와 파리 여행의 시작이다. 오늘 일정은 루브르박물관-카루젤 개선문-튈르리 정원-오랑주리 미술관-콩코르드 광장-클레망소 광장-샹젤리제 거리-개선문까지 4킬로가 넘는 거리를 걸었다. 거기에다 개선문 꼭대기까지….

개선문 정상을 가는 엘리베이터가 있는 줄 알았던 아내가 몹시 힘들어한다. 개선문 정상에서 파리 시내를 조망하는 것도 좋았지만…

중년부부의 이탈리아, 프랑스
한 달 배낭여행

오늘 일정의 하이라이트는 오랑주리 미술관이다. 오렌지 나무 재배 온실이었던 오랑주리를 개조해 만들어서 오랑주리 미술관이라 한다.

루브르, 오르세와 함께 파리 3대 미술관이다. 미술관에 들어서면 제일 먼저 마주하는 0층(우리나라 1층)은 모네의 '수련' 연작만을 전시하는데 미술관을 '수련' 연작 그림에 맞춰 설계하였다고 한다. 한국에서 비디오 아트로만 감상했던 모네의 '수련' 연작 앞에 서니 감개무량하다.

지하 2층으로 내려가면 르누아르, 세잔, 루소, 모딜리아니, 피카소 명화들이 즐비하다.

중년부부의 이탈리아, 프랑스
한 달 배낭여행

그중 얼마 전 예술의전당 전시회에서 보았던 환상적인 색감과 여성 특유의 섬세함을 표현한 '로장생'의 다양한 그림을 보게 되어 반가웠다.

오랑주리 미술관을 나와 샹젤리제 거리를 걸으니 나도 모르게 "오 샹젤리제!" 노래를 흥얼거린다. 현대 마카롱의 본산지인 '아 뒤에', 명성답게 길게 줄을 서서 기다린다. 마카롱을 한 입 베어 무니 오묘한 맛이 입 안에 가득하다.

중년부부의 이탈리아, 프랑스
한 달 배낭여행

모네가 살면서 '수련'과 일본식 정원 그림을 그리던 곳 지베르니

28일 차

모네가 살았던
지베르니

　　모네가 살면서 '수련'과 일본식 정원 그림을 그리던 곳 지베르니. 가는 길이 순조롭지 않았다. 숙소에서 3킬로, 아무리 밀려도 30분 안에 도착할 줄 알았던 우버가 기차 출발시간을 넘기고야 말았다. 요금을 5만 원이나 주고 탔는데 기차를 놓쳐버렸다. 일정을 쉽게 바꿀 수도 없어 다음 기차를 타기로 하고 매표소로 가니 대기 번호가 무려 50명, 아내가 유모차를 앞세워 얘기하니 먼저 처리해 준다. 여기서도 한국 아줌마 파워는 통하는가 보다. 왕복 모두 2시간 후 열차로 바꿔주는 데 별도 추가 요금이 없다.

　　다시 기분이 좋아져 2시간을 기다려 열차를 타고 지베르니에 도착, 버스로 갈아타고 모네가 살던 마을에 도착하니 차량과 인파가 엄

중년부부의 이탈리아, 프랑스
한 달 배낭여행

청나다. 더러 한국인도 있었지만, 모네가 일본 민화에 심취해 영향을 받아서 그런지 일본인이 많이 보인다. 안내 책자와 길 안내 표지판에 일본어가 병기되어 있다. 긴 인파로 모네 정원은 들어가지 못하고 무덤과 교회, 마을 길을 둘러보는데 동화 속에 들어온 것 같은 풍경에 여기서 살고 싶은 생각이 들었다.

마트에서 구매한 과일과 빵으로 간신히 허기를 채우고 열차를 타고 숙소로 돌아오는데 성일이 우리를 위해 물랭루주를 예약해 놨는데 공연이 오늘 저녁이란다. 급히 서둘러 물랭루주에 도착하니 공연 시작 30분 전이다. 길거리에서 버거 한 개를 사서 둘이 한 입씩 베어 물고 서둘러 입장을 했다. 관람 전 무료로 제공되는 샴페인 한 잔에 속이 찌르르해진다. 1시간 30분 공연이 몸이 지쳐서 그런지 길게 느껴진다. 한 번은 볼만한 공연이란 나의 평과 10년 전이라면 놀라운 공연이라는 아내의 평이다.

숙소에 돌아가는 길에 초밥을 사서 들어가니 예상대로 성일이 우리 걱정과 나온이가 깰까 봐 저녁을 쫄쫄 굶고 있었다. 파리에 와서 제일 맛있는 음식을 먹는다며 환히 웃는 모습에 오늘 하루 피곤이 사라진다.

고흐의 '별이 빛나는 밤'
하늘에서 별이 쏟아지고 불빛과 물빛에 황홀해진다

명화의 향연
오르세 미술관

아내와 성일, 나온인 공원과 몽마르트르 언덕을, 나는 미술
관을 관람하기로 했다.

아내가 나를 배려해 준 귀한 시간이다.

한 도시를 보고 느끼기에 시간이 얼마나 필요할까?

루브르 박물관을 자세히 보는 데만 일주일이 걸린다는 파리, 욕심
을 내지 않기로 했다. 오늘 루브르 대신 택한 오르세 미술관, 인상파
그림들이 무더기로 반긴다. 국내에서 간간이 감칠맛 나게 만났던 그
림들. 모네, 르누아르, 피사로, 세잔, 마네, 드가…. 루브르의 '모나리
자'를 포기한 대가를 충분히 보상해 준다.

중년부부의 이탈리아, 프랑스
한 달 배낭여행

분위기 탓일까? 미술관 내 레스토랑에서 먹는 어린 완두콩이 들어간 파스타와 바게트가 담백하고 꿀맛이다. 내가 파리지앵이 된 걸까? 점심 후 명화들의 향연이 계속된다. 한 면에 동시대 화가를 비교할 수 있게 고흐, 고갱, 피사로, 르누아르, 모네를 함께 걸어놓았다. 감동의 연속이다.

작품이 너무 많아 대충 건너뛰고 고흐, 고갱관으로 급히 갔는데 벌써 시간이 오후 5시가 넘었다. 가장 오랜 시간 감명 깊게 서 있었던 그림은 고흐의 '별이 빛나는 밤' 앞에서다. 하늘에서 별이 쏟아지고 불빛과 물빛에 황홀해진다. 아를의 별빛이 어서 오라고 손을 흔든다.

30일 차

루브르 박물관의 꽃
'모나리자'

　　오랑주리, 오르세, 루브르, 프랑스 3대 미술관. 루브르는 방대한 규모라 아예 방문을 포기했었는데 아내가 나온이 옷을 쇼핑하는 동안 다녀오라고 해서 사전 준비도 없이 루브르를 찾았다. 오전 11시, 입장하는 데 별로 밀리지 않아 쉽게 관람할 줄 알았는데 그건 착각이었다. 여행안내 책자에 한국어로 된 오디오가 있다길래 그걸 빌리러 다시 나가서 오디오 티켓 자동판매기 앞에서 긴 줄을 서서 기다리는데 막상 판매기 앞에 서니 카드로만 구매할 수 있단다ㅜㅜ. 물어물어 티켓을 구입하고 대여하는 데만 30분이 홀쩍 지나간다.

　다시 입장하여 제일 먼저 루브르 대표 소장품인 레오나르도 다빈치의 '모나리자'를 찾았다. 드농관 1층에 있는 전시실인데 벌써 복도부터 사람들로 가득하다. 짐작으로 여기가 '모나리자'가 있는 전시실임을 알 수 있다.

　안으로 들어가자 안쪽으로 정면 한가운데에 '모나리자'가 엷은 미소를 띠고 반긴다. 그림 앞에 들어오는 곳과 나가는 곳에 줄을 쳐놓을 정도로 사람들이 끊임없이 들어온다. 어렵게 정면 제일 앞까지 가서 그림을 마주하니 500년 전(1506년) 그림이라는 것이 믿기지 않을 정도로 생동감 있는 '모나리자'의 표정과 미소에 나도 모르게 감격과 전율이 일어난다. 뒤로 밀치는 사람들 속에서 꿋꿋하게 10여 분을 넘을 놓고 감상했다.

　나중에야 같은 전시실에 루브르 소장 회화 중 가장 크고 유명한 파울로 베로네세의 '가나의 결혼식'이 있다는 것을 알았다. '모나리자' 한 작품을 보았는데 2시간이 홀쩍 지나가 있었다.

　빵으로 끼니를 때우면서 관람 전략을 짰다. 안내 책자를 보고 같은 층에 있는 미켈란젤로의 조각 '죽어가는 노예(1515년)', '밀로의 비너스(BC 200년)', '람세스 2세 좌상(BC 1210년)', '함무라비 법전(BC 1700년)', '사모트라케의 니케(BC 190년)'를 골라 보기로 했다.

복도에서 만난 미켈란젤로의 조각은 이곳에 전시된 수많은 조각 중 하나로, 안내 책자와 비교하여 찾지 않았으면 그냥 지나칠 뻔했다. 천재 조각가 미켈란젤로가 돌 안에 이미 들어 있는 형상을 자유롭게 해방시킨 작품이라는데 난 별 감흥이 없었다. 알아야 보인다는데 아직 문외한이 맞나 보다.

중년부부의 이탈리아, 프랑스
한 달 배낭여행

　루브르 3대 여신 중 첫 번째 여신인 '밀로의 비너스'와 '람세스 2세 좌상'은 몇 번을 빙빙 돌아도 찾질 못하겠다. 루브르 두 번째 여신 '사모트라케의 니케'는 하얀빛에 활짝 펼친 날개와 바람에 휘날리는 옷자락이 꼭 날아 올라갈 것 같은 생동감이 느껴진다.

　3700년 전에 만들어진 '함무라비 법전'은 돌기둥에 새긴 조각만으로도 세기 최고의 걸작이다. 돌기둥에 282조 법률이 새겨져 있는데 양자에 관한 내용도 있다고 한다. 놀랍고 신기한 고대 바빌로니아 시대가 궁금해진다. 이것이 5시간 루브르를 관람한 내용이다. 전문 가이드 없이 루브르를 관람하는 것은 무모하다는 것이 오늘의 교훈이다.

루브르 관람을 마치고 퐁피
두센터에서 쇼핑을 마친 나온
일 만났다. 나온이가 고른 원피
스가 너무 예쁘다. 나온이가 기
억할까? 오늘 우리와 함께한 여
행을…. 나온이가 건강하고 예
쁘게 커가길 바랄 뿐이다.

　퐁피두센터는 루브르, 오르
세와 함께 프랑스 3대 박물관
으로 꼽히는데 다른 2개의 박
물관과 달리 근현대 작품들이
전시되어 있다. 건축도 파격적으로 설계되어 건물 밖에서는 보이지
말아야 할 배수관 및 전기 배선 파이프, 에스컬레이터와 계단이 적나
라하게 드러나 있어 밖에서 보면 마치 헐벗은 건축물을 보는듯하다.

중년부부의 이탈리아, 프랑스
한 달 배낭여행

전시된 작품들이 20세기 초반 이후의 현대 미술을 볼 수 있는 곳으로 앙리 마티스, 마르셀 뒤샹, 바실리 칸딘스키, 마르크 샤갈의 작품이 있는데 루브르에서 너무 에너지를 소비해서인지 작품들을 찾을 엄두가 나질 않는다. 시간도 부족해 아쉽게도 발길을 돌릴 수밖에 없었다.

베르사유 궁전 정원
규모와 아름다움에 감탄을 자아낸다

태양왕 루이 14세의
베르사유 궁전

파리 여행 마지막 일정, 성일이 한국에서 예약한 미슐랭 별 셋 레스토랑에서 점심을 하기로 했다. 혼자 여행할 기회가 없었던 성일에게 미슐랭 예약을 취소하고, 오늘 하루 우리가 나온이를 돌볼 테니 혼자 파리를 즐기라고 했는데 레스토랑에서 취소를 안 해준다. 할 수 없이 오전 반나절 짧은 시간이지만 등을 떠밀어 내보내고 점심때 식당에서 만나기로 했다.

미슐랭 별 셋 '에피큐어', 특급호텔 내에 있는 고급 레스토랑인데, 첫인상이 정원과 잘 어우러진 우아하면서도 편안한 느낌을 준다. 식전주로 로제 와인을 주문하니 애피타이저와 메뉴판을 가져다준다.

매일 메뉴를 달리하는데 오늘의 주요리는 치킨과 장어, 아내는 장어, 성일과 나는 치킨을 주문했다. 조개가 들어간 전채요리는 조갯살이 입 안에서 톡톡 터지면서 즙과 향이 입 안 가득 퍼지는 맛이 환상적이다.

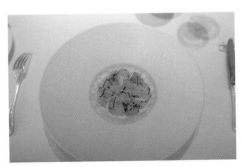

중년부부의 이탈리아, 프랑스
한 달 배낭여행

치킨은 한국에서 다양한 방법으로 먹어봐서 맛이 거기서 거기겠지 했는데, 한 조각 입에 넣는 순간 이건 처음 경험하는 맛이다. 부드러우면서도 쫄깃한 식감이 정말 기가 막힌다. 어떻게 이런 맛을 내지? 감탄이 절로 나온다.

사실 주요리가 치킨과 장어라서 처음엔 조금 실망했었는데 그게 아니었다. 장어도 맛있었지만 치킨 맛에 밀린다. 집사람도 치킨 맛이 최고란다. 디저트도 깜찍하고 고급스럽게 나왔다.

나중에 비싼 음식값을 알고 놀랐는데 사위 덕에 태어나서 가장 비싸고 맛있는 요리를 먹었다.

중년부부의 이탈리아, 프랑스
한 달 배낭여행

　점심 후 기차를 타고 간 곳은 베르사유 궁전, 베르사유 궁전은 태양왕 루이 14세가 지은 바로크 양식의 가장 크고 웅장한 건축물로 루이 14세가 꿈꾼 절대 왕정의 상징인 곳이다. 역에 도착하니 내리던 비가 거짓말같이 뚝 그쳤다. 이번 여행 내내 비가 우리를 비켜 간다. 우연이겠지만 기분 좋다.

　점심을 먹고 너무 느긋하게 움직였는지 베르사유 궁전에 도착한 시간이 저녁 6시, 궁전 관람을 거의 마지막 입장객으로 들어갔다. 가이드 없이는 넓은 궁전을 그저 눈으로 훑어볼 수밖에 없었다.

　아쉽게 궁전을 나와 정원으로 가니 끝없이 펼쳐지는 장관에 감탄사가 절로 나온다. 수백만 평이 넘는 정원을 어떻게 관리할까? 늦은 시간이라 사람이 적어 오히려 편안하게 정원을 느끼기에 좋았다. 태양왕 루이 14세가 강력한 왕권을 과시하고자 지은 궁전, 손자인 루이 16세와 마리 앙투아네트가 비운의 최후를 맞이한 곳을 2시간 남짓 동안 일부만 보고 올 수밖에 없는 것이 아쉬웠다.

중년부부의 이탈리아, 프랑스
한 달 배낭여행

파리 골목길을 산책하는 손녀 나온

여행의 마침표

32일간의 자유여행을 마치고 귀국하는 날

저녁 6시 비행편이라 느긋하게 오전을 보내고 오후 1시에 숙소에서 출발하기로 했다. 일찍 잠에서 깬 나온이랑 함께 파리 골목길을 산책하며 갓 구운 빵과 과일을 사서 걸어 다니며 먹는 맛이 꿀맛이다.

파리 골목길이 익숙해지는데 파리를 떠난다. 파리 분위기를 더 느끼고 싶어 막 영업을 시작한 카페에 앉아 파리에서 마지막 커피와 출근하는 파리지앵들을 느긋하게 바라보며 즐긴다.

아직 이른 시간, 성일과 나온인 숙소로 들어가 잠을 더 자두라고 하

고, 아내와 나는 좀 더 카페에 앉아 이번 여행을 되짚으며, 한 달여 동안 아프지 않고 사고 없이 여행을 마치게 된 것을 자축한다.

체크아웃을 11시에 할 건지, 12시에 할 건지 알려달라는 메시지가 왔다. 아이가 있어 1시에 할 수 없겠냐고 하니 12시 30분까지는 나가란다. 체크인하는 날 청소도 안 돼 있었고 사람이 안에 있었던 걸 생각하면 그 정도는 해줄 수 있는 건데, 항의할까 하다 참았다.

여행 동안 에어비앤비, 로컬 비앤비, 한인 민박, 호텔 등 열 곳이 넘는 숙소에 묵었지만 파리 숙소는 최악이었다. 고객을 받으면 안 되는, 준비가 전혀 되어 있지 않은 곳을 에어비앤비에서 소개한 것은 문제가 있다. 매일매일 바쁜 일상에 여행 경험이 적은 성일이 포장된 사진에 낚인 것이다.

중년부부의 이탈리아, 프랑스
한 달 배낭여행

짐을 챙겨 나와 점심을 숙소 인근 식당에서 하기로 했다. 사실 숙소 근처엔 수십 개의 식당이 있었지만 묵는 동안 이곳에서 식사를 한 번도 한 적이 없었다. 블로그에 유명한 맛집이라 소개된 곳에 찾아가니 단일 메뉴에 사전 예약을 해야 하는 고급 레스토랑이다.

다시 나와 들어간 곳이 한인 식당. 생각해 보니 한 달이 넘는 여행 기간 중 처음 와보는 한인 식당이다. 여행하면서 웬만한 음식은 서울에서 접해봐서인지 이탈리아, 프랑스 음식이 질리지 않았다. 그래서 특별히 한국 음식이 그리운 적이 없었던 것 같다.

점심을 먹고 있는데 한국인 단체관광객 20여 명이 초스피드로 식사하고 나간다. 여행하면서 문화의 차이를 가장 크게 느낀 것이 식사 문화였다.

이곳은 점심도 느긋하게 한두 시간은 기본이고 저녁은 두세 시간에 걸쳐 먹는다. 와인 한 잔에 두세 시간을 웃으며 즐겁게 얘기하는 모습은 경이롭다.

식사를 마치고 드골공항에 여유 있게 도착해서 세금 환급도 편안하게 받고 나온이 볼일(?)까지 마치고 비행기 탑승하는데, 식당에서부터 성일에게 무조건 안으라고 떼쓰는 나온이 땜에 성일인 탑승 전부터 그로기 상태가 됐다. 힘들 법도 한데 짜증 한 번 안 내고 다 받아준다.

성일이 인내심도 대단하다. 그러면서도 이번 파리 여행이 너무 좋단다. 아니! 아니다! 여행은 편안하게 다녀야지! 자네 너무 힘들어서 안 되네, 다음 여행은 나온이가 좀 더 큰 담에 가자~~!

Epilogue

　처음 자유로운 해외여행을 하기에 매일매일 그날의 방문지와 느낌을 기록했다. 여행이 끝나면 기념으로 만들 앨범에 들어갈 사진을 설명하는 용도 정도로만 생각했다. 여행을 마치고 앨범을 만들려고 여행 메모와 사진을 정리하면서 앨범을 만들기엔 메모한 내용이 많아 고민이 생겼다. 몇 군데 인쇄소에 문의하니 앨범이 아닌 책으로 만들어야 한다고 한다.

　책을 출판하는 건 사진 앨범과는 완전히 의미가 다른 일이었다. 고민하다가 나와 아내가 함께 머물며 느꼈던 감정들을 활자로 인쇄하여 책으로 남기는 것의 의미가 있겠다고 생각하고 책을 만들기로 했는데 막상 책을 만들려고 하니 책에 들어갈 적합한 사진이 부족했다. 대부분이 아내와 내가 들어가 있어서 하는 수 없이 그 사진들을 사용할 수밖에 없었다.

　여행을 마친 후에 나도 놀란 일은 한 달 여행 중 가장 많이 방문한 곳이 미술관인 사실이다. 바티칸(로마), 리소르지멘토(로마), 우피치(피렌체), 페기 구겐하임(베네치아), 샤갈(니스), 오랑주리(파리), 오르세(파리), 루브르(파리), 퐁피두(파리) 무려 9개나 되었다. 샤갈의 무덤이 있는 생폴 드 방스, 모네가 살던 지베르니까지 방문했으니 미술 여행이 되었던 셈이다.

사실 미술을 잘 몰랐다. 나이가 들어 클래식 음악을 좋아하면서 음악과 미술, 건축, 철학, 문학이 서로 연결되어 있다는 걸 알았다. 19세기 말 빈에서 활약하던 화가 구스타프 클림트, 에곤 실레, 건축가 오토 바그너 등이 새로운 예술 장르인 분리파를 세우고 베토벤을 분리파를 상징하는 예술의 신으로 모시면서 베토벤의 교향곡 9번 중의 제4악장 〈환희의 송가〉를 클림트가 '베토벤 프리즈'란 벽화로 제작한 사실을 알고부터 미술관을 찾게 된 것 같다. 아직 미술은 문외한에 가깝지만 그림을 보면서 화가가 살았던 시대의 인간들 삶과 시대상을 조금은 느끼게 된 것 같다.

여행 기록을 정리하면서 좀 더 상세하게 그날그날의 느낌과 감정들을 기록하지 못한 아쉬움이 남는다. 책을 쓴다는 생각이 있었으면 좀 더 철저한 사전 준비와 기록과 사진을 많이 남겨야 한다는 걸 깨달았다. 신의 축복으로 사랑하는 아내와 사위, 손녀 나온이랑 함께 여행하고 추억으로 남기게 된 것에 감사하다.

중년부부의 이탈리아, 프랑스
한 달 배낭여행

초판 1쇄 발행   2024. 3. 1.
      2쇄 발행   2024. 4. 3.

지은이 임규수
펴낸이 김병호
펴낸곳 주식회사 바른북스

편집진행 김재영
디자인 김민지

등록 2019년 4월 3일 제2019-000040호
주소 서울시 성동구 연무장5길 9-16, 301호 (성수동2가, 블루스톤타워)
대표전화 070-7857-9719 | **경영지원** 02-3409-9719 | **팩스** 070-7610-9820

•바른북스는 여러분의 다양한 아이디어와 원고 투고를 설레는 마음으로 기다리고 있습니다.

이메일 barunbooks21@naver.com | **원고투고** barunbooks21@naver.com
홈페이지 www.barunbooks.com | **공식 블로그** blog.naver.com/barunbooks7
공식 포스트 post.naver.com/barunbooks7 | **페이스북** facebook.com/barunbooks7

ⓒ 임규수, 2024
ISBN 979-11-93879-13-9 03980